空间碎片学术著作丛书

空间碎片减缓技术及应用

张旭辉　申麟　陈蓉　焉宁　童科伟　唐庆博　著

科学出版社

北京

内 容 简 介

本书重点介绍空间碎片减缓技术的发展情况,全书共分为6章:第1章概要介绍空间碎片减缓的概念、意义、有关规则和发展现状;第2章对空间碎片减缓技术面临的空间轨道环境形势进行分析;第3章阐述离轨和钝化处理的相关技术,并结合具体案例进行分析,以及对空间碎片主动移除技术进行介绍;第4章介绍空间碎片减缓及主动移除领域所涉及的关键技术与基础技术;第5章阐述空间碎片再入的轨道预报、烧蚀模型和损害概率评估等内容。

本书可供从事和关心空间碎片减缓技术研究与发展的研究人员和专业技术人员使用。

图书在版编目(CIP)数据

空间碎片减缓技术及应用 / 张旭辉等著. —北京:科学出版社,2023.7
(空间碎片学术著作丛书)
ISBN 978-7-03-075697-8

Ⅰ. ①空… Ⅱ. ①张… Ⅲ. ①太空垃圾—垃圾处理—研究 Ⅳ. ①X738

中国国家版本馆 CIP 数据核字(2023)第 102368 号

责任编辑:徐杨峰 / 责任校对:谭宏宇
责任印制:黄晓鸣 / 封面设计:殷 靓

斜 学 虫 版 社 出版
北京东黄城根北街 16 号
邮政编码:100717
http://www.sciencep.com

南京展望文化发展有限公司排版
苏州市越洋印刷有限公司印刷
科学出版社发行 各地新华书店经销

*

2023 年 7 月第 一 版 开本:B5(720×1000)
2023 年 7 月第一次印刷 印张:12
字数:235 000

定价:110.00 元
(如有印装质量问题,我社负责调换)

丛书序

空间碎片是指地球轨道上的或重返大气层的无功能人造物体,包括其残块和组件。自 1957 年苏联发射第一颗人造地球卫星以来,经过 60 多年的发展,人类的空间活动取得了巨大的成就,空间资产已成为人类不可或缺的重要基础设施。与此同时,随着人类探索、开发和利用外层空间的步伐加快,空间环境也变得日益拥挤,空间活动、空间资产面临的威胁和风险不断增大,对人类空间活动的可持续发展带来不利影响。

迄今,尺寸大于 10 cm 的在轨空间碎片数量已经超过 36 000 个,大于 1 cm 的碎片数量超过百万,大于 1 mm 的碎片更是数以亿计。近年来,世界主要航天国家加速部署低轨巨型卫星星座,按照当前计划,未来全球将部署十余个巨型卫星星座,共计超过 6 万颗卫星,将大大增加在轨碰撞和产生大量碎片的风险,对在轨卫星和空间站的安全运行已经构成现实性威胁,围绕空间活动、空间资产的空间碎片环境安全已日益成为国际社会普遍关注的重要问题。

发展空间碎片环境治理技术,是空间资产安全运行的重要保证。我国国家航天局审时度势,于 2000 年正式启动"空间碎片行动计划",并持续支持到今。发展我国独立自主的空间碎片环境治理技术能力,需要从开展空间碎片环境精确建模研究入手,以发展碎片精准监测预警能力为基础,以提升在轨废弃航天器主动移除能力和寿命末期航天器有效减缓能力为关键,以增强在轨运行航天器碎片高效安全防护能力为重要支撑,逐步稳健打造碎片环境治理的"硬实力"。空间碎片环境治理作为一项人类共同面对的挑战,需世界各国联合起来共同治理,而积极构建空间交通管理的政策规则等"软实力",必将为提升我国在外层空间国际事务中的话语权、切实保障我国的利益诉求提供重要支撑,为太空人类命运共同体的建设做出重要贡献。

在国家航天局空间碎片专项的支持下,我国在空间碎片领域的发展成效明显,技术能力已取得长足进展,为开展空间碎片环境治理提供了坚实保障。自 2000 年正式启动以来,经过 20 多年的持续研究和投入,我国在空间碎片监测、预警、防护、减缓方向,以及近些年兴起的空间碎片主动移除、空间交通管理等研究方向,均取得了一大批显著成果,在推动我国空间碎片领域跨越式发展、夯实空间碎片环境治理基础的同时,也有效支撑了我国航天领域的全方位快速发展。

为总结汇聚多年来空间碎片领域专家的研究成果、促进空间碎片环境治理发展,2019 年,"空间碎片学术著作丛书"专家委员会联合科学出版社围绕"空间碎片"这一主题,精心策划启动了空间碎片领域丛书的编制工作。组织国内空间碎片领域知名专家,结合学术研究和工程实践,克服三年疫情的种种困难,通过系统梳理和总结共同编写了"空间碎片学术著作丛书",将空间碎片基础研究和工程技术方面取得的阶段性成果和宝贵经验固化下来。丛书的编写体现学科交叉融合,力求确保具有系统性、专业性、创新性和实用性,以期为广大空间碎片研究人员和工程技术人员提供系统全面的技术参考,也力求为全方位牵引领域后续发展起到积极的推动作用。

丛书记载和传承了我国 20 多年空间碎片领域技术发展的科技成果,凝结了众多专家学者的智慧,将是国际上首部专题论述空间碎片研究成果的学术丛书。期望丛书的出版能够为空间碎片领域的基础研究、工程研制、人才培养和国际交流提供有益的指导和帮助,能够吸引更多的新生力量关注空间碎片领域技术的发展并投身于这一领域,为我国空间碎片环境治理事业的蓬勃发展做出力所能及的贡献。

感谢国家航天局对于我国空间碎片领域的长期持续关注、投入和支持。感谢长期从事空间碎片领域的各位专家的加盟和辛勤付出。感谢科学出版社的编辑,他们的大胆提议、不断鼓励、精心编辑和精品意识使得本套丛书的出版成为可能。

"空间碎片学术著作丛书"专家委员会

2023 年 3 月

前　言

空间碎片是人类探索和利用空间的产物,是人类在进行空间活动时产生的各种废弃物及其衍生物,包括失效航天器、运载火箭废弃箭体、与空间活动相关的废弃物体及分裂的碎片等。近年来,随着空间资源开发与利用的逐渐深入和空间应用的日益扩大,特别是小卫星及卫星星座的出现和发展,进入空间轨道上的航天器数量越来越多,形成的空间碎片也越来越多。

空间碎片不仅严重地威胁着在轨运行航天器的安全,而且随着其数量的不断增加,对有限的空间轨道资源也构成了严重的威胁。国际社会已对此给予了持续关注,并就联合开展空间碎片环境治理问题,各国已达成广泛共识。发展空间碎片环境治理技术,对于保护我国空间资产安全运行、履行大国空间环境治理责任、提升我国在外太空事务中的话语权、引领相关领域科技进步等,均具有重要的战略意义。

目前,空间碎片减缓措施主要分为预防和移除两种。预防就是在航天器发射和运行过程中,尽可能减少空间碎片的生成,是从源头控制碎片"增量",是保障空间环境稳定性的根本途径。移除就是针对已在轨的空间碎片,通过借助外力使其脱离原运行轨道或再入大气层烧毁,是减少"存量"空间碎片的重要途径。

目前,在空间碎片减缓领域,参与航天活动的国家(机构)已形成一系列国际机制,以便进行沟通和协商。另外,通过开展多年的科学研究与探索,对钝化、系留、脱离轨道、重复使用、移除等多种空间碎片减缓措施进行了深入研究。

我国政府和相关部门对空间碎片的问题非常关注,自"十五"规划以来,在国家国防科技工业局(简称国防科工局)的领导下,依据相关发展规划,遵循"需求牵引、技术创新、强化基础、开放合作"的指导思想,持续开展了空间碎片减缓技术研究,取得了丰硕的成果,显著提升了我国空间碎片减缓技术水平。

基于前期技术研究,国防科工局空间碎片专家组组织编写了"空间碎片学术著作丛书",本书是其中一册。参加本书编写工作的有:张旭辉研究员、申麟研究员、陈蓉高级工程师、焉宁高级工程师、童科伟高级工程师、唐庆博高级工程师、王小锭高级工程师、王书廷高级工程师、张烽高级工程师、胡冬生高级工程师、张展智高级工程师、李宇飞高级工程师、张恒浩高级工程师、郝宇星工程师等,并由张旭辉、申麟、陈蓉、焉宁、童科伟、唐庆博负责总成。

参加审稿的专家有高朝辉研究员、吴胜宝高级工程师、汪小卫研究员,他们为本书初稿的审定做了许多工作,谨此表示感谢。

在本书写作过程中,得到了很多专家的帮助,有的方案凝聚了其他专家的意见,在此向他们致以衷心的感谢!

本书提出的若干观点、方案,或有不足之处,敬请读者指正。本书收集的国外资料,因出处不同,一些参数略有差异,仅供参考。

希望本书能为开展空间碎片减缓技术研究提供一些帮助并引起人们对空间碎片问题的关注,如能起到微末之力,我们将不胜荣幸。

作者
2022 年 12 月

目　录

第 4 章　空间碎片减缓技术新发展
106

第 5 章　空间碎片再入损害评估技术研究
160

第 6 章　结 束 语
179

第1章
绪　　论

1.1　空间碎片减缓技术概述

1.1.1　空间碎片及减缓的相关概念

空间碎片是人类探索和利用空间的产物,是人类在进行空间活动时产生的各种废弃物及其衍生物,包括失效航天器、运载火箭废弃箭体、与空间活动相关的操作性碎片及分裂碎片等。其中,失效航天器是指寿命终止或功能丧失且不能恢复工作的航天器。运载火箭废弃箭体指的是在运载火箭同卫星/飞船等分离后,遗留在轨道上的火箭本体。操作性碎片指的是在空间系统正常运行期间根据设计要求分离和释放到轨道上的物体,例如,在火箭同航天器分离过程中,可能被抛出的爆炸螺栓、弹簧释放机构或起旋装置等部件;航天器入轨后可能释放太阳能帆板和其他附件的索具,以及抛出有效载荷支架、传感器的防护罩等。分裂碎片包括爆炸碎片、解体碎片、碰撞碎片及退化老化碎片(航天器表面的涂层、覆盖物因退化或老化而剥落产生的碎片),如在温度变化冲击下航天器表面脱粘的温控覆盖层,以及在太阳辐射、原子氧和其他力作用下航天器表面涂料碎屑等的退化脱落[1]。

我国国家航天局于 2009 年制定的《空间碎片减缓与防护管理暂行办法》中将空间碎片定义如下:由航天器、运载器进入空间产生的、绕地球轨道运行的一切无功能人造物体,包括失效卫星、火箭末级及分离物等。2015 年,通过进一步修订形成《空间碎片减缓与防护管理办法》,将空间碎片定义如下:在地球轨道上或再入大气层中的已失效的一切人造物体,包括它们的碎块和部件。空间碎片减缓是指航天器和运载器在设计、研制生产、发射、在轨运行及处置阶段中采取的减少空间碎片产生的措施[2]。GB/T 34513—2017《空间碎片减缓要求》中给出了"处置"的定义为航天器或运载火箭轨道级所指定的某些行动/措施,以便永久降低其意外解体的风险,并达到长期远离保护区的要求,其对"任务末期"的定义如下:航天器或运载火箭轨道级完成所设计的既定任务或功能的时刻,或由于故障而造成功能失效或永久中断的时刻。

目前,将空间碎片减缓措施归纳起来,主要分为预防和移除两种。其中,预防就是在航天器发射和运行过程中,尽可能减少空间碎片的生成,是可从源头控制"增量",是保障空间环境的稳定性的根本途径。移除就是针对已在轨的空间碎片通过一定的手段使其脱离原运行轨道或再入大气层烧毁。开展空间碎片主动移除技术研究,对减少空间碎片"存量"有重要意义。

1.1.2　空间碎片减缓的意义

近些年,随着空间资源开发的逐渐深化和空间应用的日益扩大,特别是小卫星及卫星星座的出现和发展,进入空间轨道上的航天器数量越来越多,生成的空间碎片也日益增多。空间碎片不仅严重地威胁着在轨运行航天器的安全,而且随着其数量不断增加,对有限的空间轨道资源也构成了严重的威胁。联合国和平利用外层空间委员会已经认识到,随着空间碎片数量日益增长,可能导致存在潜在危险的碰撞概率也会增加。尤其是当某一轨道高度的空间碎片密度达到一个临界值时,碎片之间的链式碰撞级联效应[也称为凯斯勒(Kessler)效应]将会造成轨道资源的永久破坏。Kessler 效应是由美国国家航空航天局(National Aeronautics and Space Administration, NASA)科学家唐纳德·凯斯勒于 20 世纪 70 年代提出的,是指空间碎片问题恶化到会发生连锁在轨碰撞的程度,再也无法控制,进而对地球周围空间的安全使用产生威胁。

空间碎片对在轨资产安全运行和空间活动开展构成了极大威胁,国际社会已对此给予持续关注,并就联合开展空间碎片环境治理问题达成了广泛共识。发展空间碎片环境治理技术,对于保护空间资产安全运行、履行大国空间环境治理责任、引领相关领域科技进步等均具有重要的战略意义。

1.1.3　空间碎片减缓的有关规则及要求

空间碎片对人类的空间资源开发活动构成了极大的威胁,国际社会已经达成共识,空间碎片环境的控制与治理必须由所有航天国家(机构)共同努力才能完成。下面对主要的空间碎片减缓规则进行介绍。

1.《IADC 空间碎片减缓指南》

出于对遏制空间碎片环境日益恶化趋势的共同愿望,1993 年,ESA、美国、俄罗斯、日本共同发起成立了机构间空间碎片协调委员会(Inter-Agency Space Debris Coordination Committee, IADC),中国国家航天局于 1995 年正式加入。目前,IADC 由意大利航天局(Agenzia Spaziale Iteliana, ASI)、法国国家空间研究中心(Centre national d'Etudes Spatials, CNES)、中国国家航天局(China National Space Administration, CNSA)、加拿大航天局(Canadian Space Agency, CSA)、德国宇航中心(German Aerospace Centre, DLR)、欧洲空间局(European Space Agency, ESA)、

印度空间研究组织(Indian Space Research Organisation，ISRO)、日本宇宙航空研究开发机构(Japan Aerospace Exploration Agency，JAXA)、韩国空间研究机构(Korea Aerospace Research Institute，KARI)、NASA、俄罗斯航天国家集团公司(Roscosmos)、乌克兰国家航天局(State Space Agency of Ukraine，SSAU)、英国国家空间中心(United Kingdom Space Agency，UKSA)等组织或单位组成。IADC 是当前国际上协调空间碎片研究的唯一官方权威机构,它的成立有力地促进了各成员机构间空间碎片研究的交流与合作。

IADC 于 2002 年推出了《IADC 空间碎片减缓指南》[3],旨在建立空间碎片减缓准则,在航天器和运载火箭的任务规划和设计过程中可以考虑这些准则,以便在飞行任务期间和任务后尽量减少或消除碎片的产生,该指南现已成为国际组织及各国落实空间碎片减缓的基本要求。

2007 年,联合国和平利用外层空间委员会通过了《联合国和平利用外层空间委员会空间碎片减缓指南》[4],内容主要是基于《IADC 空间碎片减缓指南》的技术内容和基本定义,要求如下:成员国和国际组织应通过国家机制或其各自的有关机制,自愿采取措施,确保通过空间碎片减缓做法和程序,在切实可行的最大限度内执行指南。

以上两项指南中规定了在航天器和运载火箭轨道级的飞行任务规划、设计、制造和运行(发射、飞行任务和处置)阶段应该遵循的七条准则。

准则 1:限制在正常运行期间释放的碎片。

准则 2:最大限度地减少运营阶段可能发生的在轨分裂解体。

准则 3:降低轨道中发生意外碰撞的概率。

准则 4:避免故意破坏和其他有害活动。

准则 5:最大限度地降低剩存能源导致的任务后分裂解体的可能性。

准则 6:限制航天器和运载火箭轨道级在任务结束后长期存在于近地轨道区域。

准则 7:限制航天器和运载火箭轨道级在任务结束后对地球同步轨道(geosynchronous orbit，GEO)区域的长期干扰。

根据上述准则,IADC 提出:要求在任务结束后的 25 年之内,使航天器脱离轨道,这就是"25 年规则"。

截至目前,分别于 2007 年、2020 年、2021 年对《IADC 空间碎片减缓指南》进行了三次修订升级,主要变化如下。

(1) 取消了"空间系统"的概念和提法,由"航天器和运载器轨道级"代替。

(2) 关于轨道保护区的规定为:近地轨道保护区为地球延伸的球形区域,从地球表面到 2 000 km 的高度;地球同步轨道保护区为地球静止轨道高度 35 786 km± 200 km,纬度为±15°[3]。

（3）针对地球同步轨道区域的任务后处置中，明确了能够使寿命末期的地球同步轨道卫星保持在地球同步轨道保护区上方的条件，即变轨结束后近地点高度的增加值至少为 235 km，偏心率不得大于 0.003，从而可以保证离轨处置后的废弃卫星日后不会由于摄动影响而重新进入地球同步轨道保护区[3]。

近些年，航天技术迅猛发展，特别随着商业航天的崛起，许多公司提出了少则几十颗，多则数万颗小卫星组成的星座计划。未来，空间物体的数量将呈现井喷式增长态势，业界人士和相关学者纷纷提出卫星是否应在任务结束后的更短时间而不是 25 年内离轨。

对此，2015 年，IADC 发布了《LEO 大型卫星星座声明》[5]，并进行了多次修订，主要内容如下。

（1）航天器和运载火箭轨道级（后简称轨道级）不应在操作中释放空间碎片。

（2）应当使任务的解体风险最小化。

（3）所有空间系统应当在任务末期设计并实施防止意外爆炸和破裂的措施。

（4）为了降低因任务完成后意外解体造成对其他航天器和轨道级的风险，当任务操作不再需要时，航天器和轨道级上所有的储能来源，如残余推进剂、电池、压力容器、自毁装置、飞轮和动量轮等，均应当耗尽或确保安全，即在任务后进行处置。

（5）在设计航天器和轨道级时，每一个程序或项目都应当通过故障模式和效果分析或等效分析的方式演示验证，避免导致意外解体故障模式。

（6）运行阶段应定期监测航天器和轨道级，以探测可能导致解体或失控功能的故障。在发现故障的情况下，对于航天器和轨道级，应首先计划并实施充分的修复措施，否则应计划并实施处置和钝化措施。应避免发生故意破坏航天器或轨道级（如自毁、故意碰撞等行为），以及其他可能显著增加与航天器和轨道级产生碰撞风险的危害活动。

（7）当穿越或涉及 LEO 区域的航天器或轨道级在运行阶段发生中断可能时，应当离轨（优先直接再入）或采取适当的轨道机动缩减寿命，回收也是一种处置选项。

（8）综合太阳活动放射和大气阻力等影响，航天器或轨道级应当在任务后 25 年内离轨。

（9）航天器或轨道级如果要通过再入大气层处置时，到达地球表面的空间碎片不应当对人身安全或财产安全带来不适当的风险。

（10）在航天器或轨道级开展设计和任务剖面时，应当设有在航天器或轨道级寿命期内与已知空间物体发生意外碰撞概率估算和限制的程序或项目。基于可靠的轨道数据，如果碰撞风险不能忽略不计，可考虑采取航天器规避机动和协调发射窗口的措施。

（11）航天器设计中应降低与小碎片碰撞的风险，否则可能导致航天器失去控制而阻止任务后处置。

《IADC 空间碎片减缓指南》是非强制的，但体现了目前国际社会形成的一系列现行做法、规则、标准和基本内容，已经得到国际社会的广泛认可。

2. ISO 空间碎片标准

国际标准化组织（International Organization for Standardization，ISO）空间碎片标准技术内容上以空间碎片减缓为主题，ISO 确定的空间碎片标准的范围与已有的国际空间碎片减缓指南，特别是 IADC 发布的文件保持一致，其目的是将国际认可的空间碎片减缓指南转化成一系列可测量且可验证的顶层要求及与顶层要求配套的具体方法或程序。其中，ISO 24113：2023《航天系统·空间碎片减缓要求》（*Space systems-Space debris mitigation requirements*）是 ISO 系列空间碎片标准、技术报告的顶层标准，涵盖了空间碎片减缓的顶层要求，其他标准、技术报告的主要内容则包含了与 ISO 24113：2023 中顶层要求相匹配的具体方法、程序和实践。

3. 相关国家、机构的本土标准或条约

目前，世界上主要的航天国家（机构），如美国、俄罗斯、ESA、法国、日本等都发布了各自的标准条约对各自航天活动过程中的空间碎片予以控制和管理[6,7]。

JAXA 于 1996 年 3 月公布了空间碎片减缓标准（NASDA - STD - 18），该标准提供了涉及空间碎片减缓的项目管理要求、空间系统设计详细要求、运载器轨道确定、卫星在轨操作、空间任务结束时的碎片减缓处理，以及大气层再入等相关问题。该标准提出了一些具体指标，例如，对于轨道高度小于 750 km 的飞行器或火箭废弃箭体（其轨道寿命一般小于 25 年），可以不进行离轨操作，任其轨道自然衰减；对于轨道高度为 750~1 000 km 的飞行器或火箭废弃箭体，需要消耗 5% 的推进剂进行离轨操作，将其轨道寿命限制在 25 年以内；对于轨道高度为 1 000~1 500 km 的飞行器或火箭废弃箭体，应将其送入弃星轨道，或尽量减少其轨道寿命；而对于轨道高度大于 1 500 km 的飞行器或火箭废弃箭体，应将其送入 1 700 km 的弃星轨道。

1999 年，ESA 在其公布的《欧空局空间碎片减缓手册》（1.0 版）中给出了名词术语缩写、定义空间碎片减缓设计指南、现行空间碎片环境和碰撞通量描述、碰撞风险评估、未来碎片密度分析、碎片减缓措施分析、再入体控制、失控体再入、在轨防护技术、低地球轨道在轨防碰撞、任务结束时的钝化设计，以及运载器钝化设计与离轨策略等内容。

2004 年，英国、法国、德国、意大利与 ESA 签署了《欧洲空间碎片减缓行为准则》，在符合《IADC 空间碎片减缓指南》的基本原则下，细化了基本原理，提出了适用范围、预防措施、运行措施等处理空间碎片的细节。

2010 年,美国政府发布了国家航天政策,其中指出,空间的可持续利用对美国国家利益至关重要。该政策增加了"保护空间环境和负责任利用空间环境"的新章节,在空间碎片治理方面,提出了"空间碎片主动移除"(active debris removal,ADR)策略。

此外,很多国家、地区或组织也根据自己的实际情况制定了相关准则或要求,如俄罗斯的《俄罗斯空间活动法》和《空间碎片减缓标准》、法国的《空间碎片安全要求——方法和程序》、美国的《缓解轨道碎片问题标准做法》等,其目的均是规范本国的航天活动,减少空间碎片的产生。

1.2   空间碎片减缓技术的发展现状

经过多年的科学研究与探索,世界各航天大国主要采取了限制发射过程产生碎片、机动规避防止碰撞产生碎片、任务后钝化防止在轨爆炸解体及任务后脱离轨道等任务后处置(post-mission disposal,PMD)和 ADR 等空间碎片减缓措施。

1.2.1   国外空间碎片减缓技术研究现状

世界各航天大国日益认识到空间碎片减缓的必要性和紧迫性,争相开展空间碎片减缓研究,主要研究情况如下。

1. 美国

美国最早开展了运载火箭空间碎片减缓技术研究。在空间碎片预防方面,20世纪 70 年代中期,由于德尔塔(Delta)火箭二子级接连发生爆炸事件(第一次发生在 1973 年 12 月),到 80 年代中期,NASA 资助的一个工作小组及美国政府提出了有关德尔塔火箭进行剩余推进剂排空以减小爆炸危害的计划。德尔塔系列火箭末级在释放有效载荷以后,先进行一次小的机动变轨,使其离开有效载荷一段距离(以防污染有效载荷),之后发动机重新点火,耗尽剩余推进剂;采取沉底正推火箭连续工作的方式排空剩余氮气,采取设备继续供电的方式耗尽电池,进行了钝化。半人马座上面级通过主发动机排放液氢和液氧,打开贮箱保险活门排放气氢和气氧,姿控发动机工作,耗尽肼类推进剂,设备继续供电耗尽电池,从而达到钝化效果[8]。

在空间碎片移除方面,1993 年,美国空军和 NASA 联合提出名为"猎户座"(Orion)的计划,研究使用地基激光器移除近地轨道空间碎片的系统,利用高能激光束在目标处产生热物质射流的方式将空间碎片移动到指定位置。2014 年,"猎户座"计划将重点从地面激光器转移到天基激光器。但相较于地基激光器,天基激光器需要使用小型化光学元件和激光器,并可用于地球同步轨道[9,10]。

2. 欧洲

在空间碎片预防方面,自 ESA 的阿里安(Ariane) 火箭 V59 号飞行以后,都无例外地排空了推进剂。阿里安－4 火箭末级采取了排放剩余推进剂、排放高压气体的钝化措施,阿里安－5 火箭末级采取了增加附加管路来排放剩余推进剂的钝化措施[11]。

在空间碎片移除方面,欧洲曾提出轨道寿命延长飞行器(orbital life extension vehicle, OLEV),它可以搭载于阿里安－5 的卫星支架处,在火箭主任务完成之后,释放进入地球同步转移轨道(geostationary transfer orbit, GTO),然后利用自身的氙气离子发动机电推进系统进入地球静止轨道(geostationary orbit)[12]。它可以将捕获工具插入失效卫星的喷管喉部完成捕获,之后对失效卫星进行轨道拖曳,见图 1 - 1。

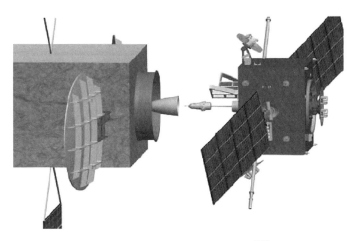

图 1 - 1　OLEV 太空拖船示意图[13]

ESA 提出了一个用飞网抓捕废弃卫星的静止轨道清理机器人(Robotic Geostationary Orbit Restorer, ROGER) 项目。ROGER 项目始于 2001 年,该项目主要研究卫星服务系统的可行性,该系统用于移除同步轨道上的废弃卫星和运载器上面级。ROGER 项目系统中的关键技术就是利用飞网来对非合作航天器实施捕获,ROGER 项目系统的服务航天器能够在距离目标 15 m 外释放飞网,利用飞网来完成对非合作目标的捕获,并通过连接到飞网上的系绳来将目标运输到垃圾轨道。飞网捕捉的特点:捕获非合作目标对目标航天器没有额外的要求、捕捉方法简单且费用低廉;飞网捕获的网/绳机构质量小、飞网捕获距离远、可实现大容差捕获。图 1 - 2 是 ROGER 项目飞行器利用飞网实现目标捕获示意图。

瑞士太空中心与研究机构合作开发了一种碎片清理卫星——"清洁太空一号"(CleanSpace One),该卫星采用一种基于介电弹性体(dielectric elastomer,

图 1 - 2　ROGER 飞行器利用飞网实现目标捕获[12]

DE)的多段柔性轻质捕获机构,该捕获机构可以抓取小的卫星或碎片而不产生新的空间碎片,具有质量小、可折叠、占用空间较小的优点,并且对于空间碎片的外形具有随形的特性。

　　ESA 正致力于通过"清洁太空计划"(Clean Space Initiative)移除已在轨的大质量空间碎片(数吨量级)。E. Deorbit 任务从属于"清洁太空计划",于 2012 年启动,目的是移除 800~1 000 km 太阳同步轨道已停用的"欧洲环境卫星"(ENVISAT)。拟采用的空间碎片捕获及移除技术方案包括:机械臂(图 1 - 3)、触须、飞网捕获(图 1 - 4)、离子束等。飞网捕获是使用网枪喷出一张正方形的网兜(边角有配重块),以便将目标牢牢裹住。在 E. Deorbit 设计中已考虑到重复飞行,这一方法得到证明后,每年可以执行多次任务。

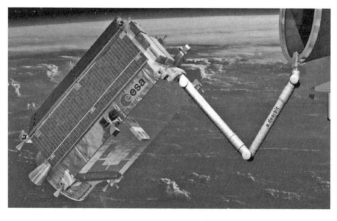

图 1 - 3　机械臂捕获示意图[13]

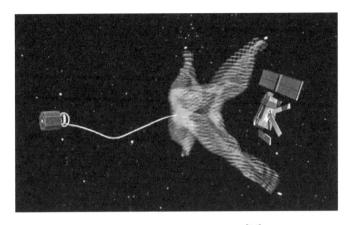

图 1 - 4 飞网柔性捕获示意图[14]

ESA 预计将于 2023 年发射 E. Deorbit 航天器,飞网原理样机目标捕获地面试验如图 1 - 5 所示,目标(无人机)被成功捕获。

图 1 - 5 飞网原理样机目标捕获地面试验

2013 年,英国萨里航天中心联合欧洲多家研究机构,在欧盟第七框架计划的资助下,启动了"空间碎片移除"任务,旨在通过在轨试验验证空间碎片主动移除相关关键技术[15,16]。该任务采用母子星的方式,主要由试验卫星平台 RemoveSat 和两颗充当空间碎片目标的立方星构成。其中,试验卫星平台由英国萨里卫星技术有限公司承研,在 X50 系列卫星平台的基础上改进而来,其为长方体结构,尺寸为 0.55 m×0.55 m×0.72 m,质量约 100 kg,有效载荷质量为 40 kg,具备 S 波段对地双向通信能力。试验卫星平台的主体结构包括 4 个侧板、1 个有效载荷板(中心板)和 1 个分离板(底板),见图 1 - 6。两颗子立方星、飞网分系统、目标运动跟踪/成像测距装置、鱼叉、拖曳帆分系统和监测相机等任务载荷均安装在中心板上方舱段内。平台分系统的电子设备均安装在中心板下方舱段内。其中,第一颗立方星(DebrisSat 1,DS - 1)用于验证飞网捕获技术,是一颗两单元的立方星,尺寸为 100 mm×100 mm×

227 mm。第二颗立方星(DebrisSat 2,DS-2)用于验证运动目标跟踪技术,也是一颗两单元的立方星,星体顶/底部各安装 4 片可展开的帆板,帆板的作用只是使立方星看上去更像一个卫星,便于成像辨识和跟踪。两颗立方星的图示见图 1-7。

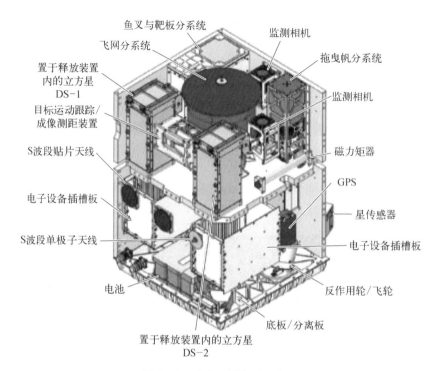

图 1-6　试验卫星构型示意图

GPS 表示全球定位系统

(a) DS-1

(b) DS-2

图 1-7　立方星图示

试验卫星平台的部署流程如下：首先，将试验卫星平台装入微型卫星部署器运送至国际空间站(International Space Station, ISS)；其次，宇航员打开微型卫星部署器并将平台安装在滑台上；滑台进入日本希望号实验舱，利用特殊用途机械臂抓住平台，并将其移至 ISS 之外；最后，机械臂沿特定方向释放平台，碎片移除(Remove Debris)试验任务开始。

Remove Debris 试验卫星于 2018 年 4 月通过太空探索技术公司(SpaceX)的猎鹰 9 号火箭运抵 ISS；同年 6 月，试验卫星经过转运从 ISS 释放，开展在轨调试。2018 年 9 月 16 日起，试验卫星依次开展飞网抓捕、动态运动追踪、鱼叉捕获及拖拽帆离轨四项试验。

(1) 飞网抓捕试验。飞网捕获装置直径为 275 mm，高度为 225 m，总质量为 6.5 kg。5 m 左右直径的飞网可将尺寸约 1.5 m 的数百千克的空间碎片再入地球大气层烧毁。这项试验的最大亮点是研究团队创新研制了类似"网坠"的功能质量块，利用自身重量和内置电机转动，解决抛网舒展与网口收拢等技术难题。

该试验利用飞网捕获装置，主要通过以下几个步骤对模拟非合作目标的立方星实施抓捕。首先，DS-1 在立方星释放装置的弹簧作用下以 0.05 m/s 的速度从平台上弹出；在距离试验卫星平台 7 m 左右时，折叠在 DS-1 内部的柔性空心杆在气压作用下伸直，并撑起薄膜形成直径约 1 m 的"气球"，模拟非合作目标；然后，试验卫星打开飞网顶盖，均匀分布在网口的 6 个约 1 kg 的功能质量块通过弹簧弹出，牵拉飞网舒展形成 5 m 口径的网兜，飞向"气球"套住目标，并降低目标转速；功能质量块按照预定程序，自动收紧网口，完成目标抓捕；最后，飞网与"气球"将在 6 个月内再入大气层烧毁。该项试验的示意图及在轨图像分别如图 1-8 和图 1-9 所示。

图 1-8　飞网捕获试验示意图[17]

图 1-9　飞网捕获在轨图像[17]

（2）动态运动追踪试验。飞网抓捕试验完毕后，试验卫星将依靠自身配备的视觉导航系统对试验卫星平台释放后的 DS－2 立方星进行动态运动追踪试验。该项试验示意见图 1－10。

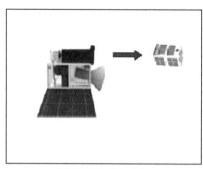 

(a) 弹射DS-2立方星　　　　　　　　　(b) 目标跟踪

图 1－10　动态运动跟踪试验示意图[17]

（3）鱼叉捕获试验。鱼叉捕获试验是使用一种类似"鱼叉捕鱼"的方式来清理空间碎片。试验卫星先通过碳纤维吊杆伸出一个靶标，然后瞄准发射一枚自带的鱼叉，鱼叉以 20 m/s 的速度击中目标，尖端穿透铝板后，弹簧结构上的倒钩将铝板缠绕并牢牢固定。该项试验示意及图像分别见图 1－11 和图 1－12。

图 1－11　鱼叉捕获试验示意图[17]

图 1－12　鱼叉捕获试验图像[17]

（4）拖曳帆离轨试验。拖曳帆离轨试验是在试验卫星平台上部署可充气装置，充气后将形成一个巨大的拖曳帆（10 m²），使目标轨道快速衰减，直至最后毁于地球大气层中。

3. 日本

在空间碎片预防方面，日本的 H-1 和 H-2 火箭末级在完成与有效载荷分离之后，采取将剩余推进剂和高压气体排空的措施。通过打开预冷活门排放剩余液氢和液氧，增加电爆活门排放氦气，以及使沉底发动机工作，耗尽姿控推进剂，从而达到钝化效果。H-2 火箭二子级采用 LE-5A 发动机，H-2A 火箭使用 LE-5B 发动机。两种发动机除正常工作模式外，均具有"空载模式"，即此时发动机涡轮泵不转，或以极低的转速运作而不压送推进剂，成为挤压式发动机，燃烧室压力极低，推力也很低。氢氧发动机通过低工况工作模式降轨，从而实现离轨目的。

在空间碎片移除方面，JAXA 开展了名为"鹳"的集成系绳试验（konotori intergrated tether experiment，KITE），利用 700 m 长的系绳在轨演示大型太空垃圾移除技术，如图 1-13 所示。该技术采用类似在太空"放风筝"的方法，抓取太空垃圾后，释放电动力绳系，通过绳系切割磁感应线产生电动力，携带太空垃圾坠入大气层，既可以节省成本，技术上也容易实现。2016 年 12 月，该系统搭载日本货运飞船抵达 ISS，原计划在太空释放系绳，对该电动力绳系技术进行在轨测试，但最终试验未能完成向太空抛出金属缆绳这最重要的一步，从而宣告失败。

图 1-13 KITE 任务原理示意图[18]

4. 其他国家

俄罗斯曾提出过利用空间碎片移除器的喷气发动机羽流将废弃航天器从轨道上"吹"除的概念，也提出过回收废弃空间物体的概念，但由于回收能力和回收预算有限，无法从根本上满足空间碎片减缓的需求。

1.2.2 我国空间碎片减缓技术研究现状

我国政府和相关部门对空间碎片的问题非常关注，从"十五"计划开始将空间碎片基础研究列入国家财政专项支持。"十一五"计划以来，我国依托空间碎片专项科研，依据相关发展规划，遵循"需求牵引、技术创新、强化基础、开放合作"的指导思想，开展了空间碎片减缓技术研究，显著提升了空间碎片减缓技术水平。

2009 年 12 月 1 日,《空间碎片减缓与防护管理暂行办法》正式印发,成为我国第一个关于空间碎片问题的专门性部门规章。为了更好地应对空间碎片,我国于 2015 年 6 月 8 日正式成立了国家航天局空间碎片监测与应用中心。

总的来说,我国空间碎片减缓技术研究取得了丰硕的研究成果,主要体现在如下几点。

(1)空间碎片减缓技术基础研究取得重要进展。针对运载火箭和卫星的钝化离轨技术进行了深入的论证分析,开展了近地轨道和星座离轨技术分析研究,提出了快速高效预估卫星轨道寿命的计算方案和程序,并初步应用于卫星离轨工程设计;开展剩余燃料排空技术研究,突破了末级火箭剩余推进剂与高压气体的排放技术,为消除末级火箭发生在轨爆炸解体提供了有效的技术措施;为全面实现运载火箭钝化排放和卫星离轨处置,开展了操作性碎片控制技术、消能钝化技术、任务后离轨处置技术等研究工作,为后续工程应用实施打下了良好的技术基础。

(2)空间碎片减缓关键技术取得突破,具备了工程实施的能力。通过航天器减缓总体技术研究、航天器钝化技术研究、卫星剩余推进剂精确测定及在轨排空技术研究、航天器再入安全技术研究、卫星全寿命空间碎片减缓设计与实践研究、长征火箭末级主动离轨技术研究、运载火箭设备钝化及操作性碎片控制技术研究、运载火箭操作性碎片减缓工程化实施研究等多项空间碎片专项课题的支持,系统研究了国内卫星和长征系列运载火箭钝化、离轨技术及操作性碎片抑制措施,突破了相关关键技术。

(3)空间碎片减缓工程化实施稳步推进。空间碎片减缓工程化着力解决空间碎片减缓技术在现役型号上的应用。长征系列运载火箭末级通过技术研究及飞行试验验证,已逐步具备任务后钝化处理及离轨能力,正在稳步推进在役运载火箭工程应用,取得了良好的效果。对于新研运载火箭,已将任务后离轨钝化要求纳入型号研制流程,在型号研制过程中要求进行空间碎片减缓的设计和评估。此外,高轨卫星也实现了任务后处置操作。例如,2011 年,北斗一号 01 星、02 星实施了抬高轨道高度、排放推进剂、蓄电池放电等操作;2014 年,鑫诺三号通信卫星完成在轨 7 年服役后,实施了轨道抬升、推进剂排空、推进系统钝化、蓄电池钝化等任务后处置措施。

(4)空间碎片主动移除关键技术取得重大突破,成功开展飞行演示验证。"十一五"计划以来,空间碎片主动移除所涉及的非合作目标超近距离相对测量,目标跟踪与识别,非合作目标交会、接近与停靠,柔顺抓捕操作控制,新型抓捕机构设计等一系列关键技术得以攻克;针对不同轨道、不同尺寸的空间碎片,得到了可行的空间碎片移除方案;研制了原理样机并完成了许多具有高显示度的地面集成验证试验,有力地提升了空间碎片主动移除技术水平;2016 年 6 月,遨龙一号空间碎片主动移除飞行器以自由漂浮空间碎片模拟器为目标,开展了空间碎片目标探测、识别、跟踪与抓捕等在轨试验并获得圆满成功。近年来,我国也开展了多次针对小卫星的离轨帆技术在轨试验验证。

(5) 注重前沿技术应用,探索新概念空间碎片移除手段。除了机械臂抓捕方式外,我国从创新性、实用性和灵活性的角度出发,开展了空间碎片移除前沿技术研究,探索了飞网捕获、激光移除碎片、电动力绳系离轨等移除新概念,此外也开展了空间碎片再入预报及损害评估、空间碎片减缓效果评估等相关技术研究,推动了空间碎片减缓领域的可持续发展。

作为一个负责任的航天大国,面对日益严重的空间碎片和空间环境问题,我国应采取措施,加大空间碎片减缓技术研究的力度和投入,对国内航天活动中空间碎片控制问题实施有效管理,并履行国际义务。

参考文献

[1] 中华人民共和国国家质量监督检测检疫总局,中国国家标准化管理委员会. 空间碎片术语:QJ 20132—2012. 北京:国家国防科技工业局,2013.

[2] 国家国防科技工业局. 空间碎片减缓与防护管理办法. 北京:国家国防科技工业局,2015.

[3] IADC Steering Group and Working Group 4. IADC Space Debris Mitigation Guidelines, 2002.

[4] United Nations Office for Outer Space Affairs. Space Debris Mitigation Guidelines of the Committee on the Peaceful Uses of Outer Space, 2007.

[5] IADC Steering Group. IADC statement on large constellations of satellites in low earth orbit, IADC - 15 - 03, 2015.

[6] 泉浩芳,张小达,周玉霞,等. 空间碎片减缓策略分析及相关政策和标准综述. 航天器环境工程,36(1):7 - 14.

[7] 孙茜,范晨,郑驰. 微小卫星用频现状及国际空间法规应用研究. 国际太空,2018(5):38 - 43.

[8] 陈蓉,申麟,高朝辉,等. 空间碎片减缓技术发展研究. 国际太空,2014(4):63 - 67.

[9] 李明,龚自正,刘国青. 空间碎片监测移除前沿技术与系统发展. 科学通报,2018,63(25):2570 - 2591.

[10] Phipps C R, Bonnal C. A spaceborne, pulsed UV laser system for re-entering or nudging LEO debris and re-orbiting GEO debris. Acta Astronautica, 2016(118):224 - 236.

[11] 焉宁,唐庆博,陈蓉,等. 欧洲的空间碎片发展及其启示. 空间碎片研究,2018,18(2):14 - 22.

[12] ESA. RObotic geostationary orbit restorer (ROGER). https://www. esa. int/Enabling_Support/Space_Engineering_Technology/Automation_and_Robotics/RObotic_GEostationary_orbit_Restorer_ROGER.

[13] ESA. ConeXpress-orbital life extension vehicle (CX - OLEV). (2010 - 11 - 22)[2021 - 10 - 20]. https://artes. esa. int/projects/conexpressorbital-life-extension-vehicle-cxolev.

[14] ESA. ESA's e. Deorbit debris removal mission reborn as serving vehicle. (2018 - 12 - 21)[2021 - 10 - 20]. https://www. esa. int/Safety_Security/Clean_Space/ESA_s_e. Deorbit_

debris_removal_mission_reborn_as_servicing_vehicle.

［15］ Forshaw J L, Aglietti G S, Salmon T, et al. Final payload test results for the remove debris active debris removal mission. Acta Astronautica, 2017, 138: 326 - 342.

［16］ Forshaw J L, Aglietti G S, Navarathinam N, et al. Remove debris: an in-orbit active debris removal demonstration mission. Acta Astronautica, 2016, 127: 448 - 463.

［17］ ESA. Remove debirs. (2015 - 03 - 04)［2021 - 10 - 20］. https://www. eoportal. org/ satellite-missions/removedebris#i-orbit-demonstrations.

［18］ 张烽,王小锭,吴胜宝,等. 日本 KITE 试验任务综述与启示. 空间碎片研究,2018,18(2): 23 - 32.

第 2 章
空间碎片减缓技术面临的空间轨道环境形势

在 60 多年的人类航天活动中,已发射了大量航天器到地球轨道,其中有些航天器还能正常工作,但绝大多数都已经失效成为空间碎片。空间碎片的增加将严重威胁航天器在轨飞行的安全性,20 世纪 70 年代,NASA 空间碎片首席科学家唐纳德·凯斯勒就提出了凯斯勒效应这一概念,即空间碎片数量达到一定的临界点时,就会发生在轨连锁碰撞,这种连锁效应就像多米诺骨牌一样,碰撞越多,产生的碎片越多,进而导致更多的碰撞,最终导致近地空间彻底不可用[1]。

近年来,大型互联网卫星星座的建设对空间环境带来重大影响,对空间碎片减缓提出了新的挑战。本章基于北美防空司令部[2]提供的数据对当前在轨航天器和空间碎片的分布轨道进行统计,通过相关数据可以了解空间环境整体情况。本章还对几起典型的空间碎片相关事件进行分析。

2.1 空间编目物体统计与分析

截至 2021 年底,基于北美防空司令部的编目数据,空间编目物体、在轨物体和已衰落物体总数增长情况如图 2 - 1 所示。由图 2 - 1 可见,近几年,在轨物体和空间编目物体总数都呈加速增长趋势,而已衰落物体的增长速度则几乎不变。各国已编目的空间物体总数达 50 463 个,在轨物体总数为 24 699 个,其余空间编目物体已陨落。其中,俄罗斯在轨物体和空间编目物体总数最多,其次是美国[2]。

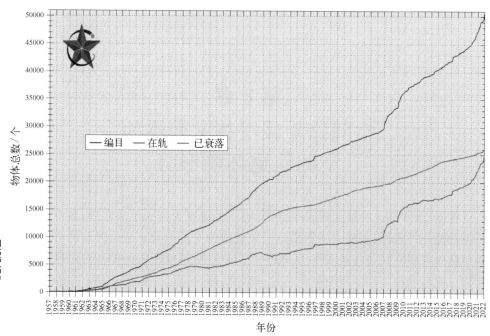

图 2-1 空间编目物体、在轨物体和已衰落物体总数增长情况[2]

2.2 空间碎片分布情况

2.2.1 空间碎片数量分布

截至 2017 年底,基于北美防空司令部的编目数据,可有效跟踪和观测到空间碎片在低地球轨道(low earth orbit, LEO)、中地球轨道(medium earth orbit, MEO)、地球静止轨道(geostationary orbit, GEO)、大椭圆轨道(high elliptical orbit, HEO)的分布情况。

1. LEO 碎片(含太阳同步轨道)

按照轨道运行速度大于 11.25 圈/天、偏心率小于 0.25 查询,LEO 碎片共计 10 161 个。其中,美国 3 407 个、日本 25 个、印度 80 个、法国 39 个、ESA 18 个、俄罗斯 3 216 个。

2. MEO 碎片

按照轨道周期为 600~920 min、偏心率小于 0.25 查询,MEO 碎片有 3 个,均属于俄罗斯。

3. GEO 碎片

按照轨道周期为 0.99~1.01 天、倾角小于 0.1° 为基准查询,严格的 GEO 碎片只有一个,属于俄罗斯。

放宽标准,按轨道周期大于 1 100 min、倾角不作限制,查询得到 GEO 碎片共计 73 个,其中美国最多,达 50 个。

4. HEO 碎片

按照偏心率>0.25 为基准查询,HEO 在轨碎片共计 1 385 个,其中美国 190 个、俄罗斯 645 个、法国 292 个、ESA 33 个、日本 12 个。

2.2.2　空间碎片轨道偏心率分布

空间碎片轨道的偏心率分布以偏心率≤0.1 和 0.7 为主[3]。其中,偏心率≤0.1 的近圆轨道空间碎片约占总数的 87%;偏心率为 0.7 的大椭圆轨道约占 8%,两者之和达 95%,见图 2-2。

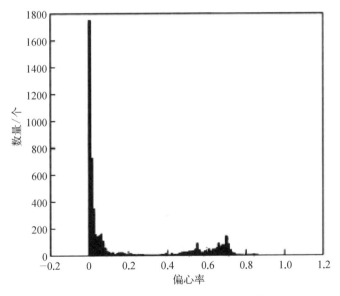

图 2-2　空间碎片轨道偏心率分布[3]

2.2.3　空间碎片轨道倾角分布

空间碎片轨道倾角的分布范围在 0°~145°,其中相对集中的区域有 5 个,即 0°、65°、75°、82° 和 100°,所占比例分别为 2.5%、18%、10%、12% 和 40%,高达 82.5%。在整个空间碎片中,近 80% 的碎片轨道倾角大于 65°,其中相当一部分为 100° 倾角的太阳同步轨道[3],见图 2-3。

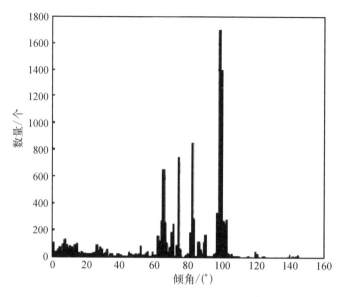

图 2-3　空间碎片轨道倾角分布[3]

2.2.4　小结

总体上看,空间碎片在空间高度分布是不均匀的,90%以上的在轨空间物体位于 LEO、MEO、GEO 三个轨道高度区域,这三个区域正是人造卫星的主要分布区。87%的空间碎片处于 LEO,87%的空间碎片轨道是偏心率小于 0.1 的近圆轨道,约 8%的轨道是偏心率为 0.7 的大椭圆轨道;80%的空间碎片轨道倾角大于 65°。

2.3　巨型星座卫星对空间碎片减缓技术的挑战

2.3.1　巨型星座卫星情况概述

近年来,在全球空间信息服务体系建设需求牵引和小卫星技术迅猛发展的双重作用下,低轨互联网星座计划大量涌现,以 SpaceX 公司和 OneWeb 公司为代表的企业纷纷推出数万颗的低轨星座系统,引发全球发展热潮[4]。当前,低轨互联网星座计划层出不穷,呈井喷式发展态势,主要的卫星星座计划如表 2-1 所示。其中,SpaceX 公司提出了总数约为 4.2 万颗卫星的星链(Starlink)星座计划,OneWeb 公司的 OneWeb 星座计划将由约 4.7 万多颗卫星组成。

表 2 - 1 当前主要的卫星星座计划情况

序号	公 司 或 机 构	项 目 名 称	计划部署/颗
1	OneWeb	OneWeb 星座	47 844
2	SpaceX	Starlink	42 000
3	Amazon	Kuiper	3 236
4	SAMSUNG	三星星座	4 600
5	Satellogic	ÑuSat	≈300
6	Telesat	通信卫星星座	1 600+
7	Sky and Space Global	低成本窄带通信卫星星座	200
8	Thales Alenia Space	LeoSat 星座	78~108
9	中国卫星网络集团有限公司	互联网星座	≈13 000
10	卢旺达政府	Cinnamon - 217、Cinnamon - 937	327 320

1. 巨型星座卫星空间减缓设计

OneWeb 公司和 SpaceX 公司都表示其卫星星座具备空间碎片减缓设计。OneWeb 公司创始人 Greg Wyle 提到,一次空间碎片碰撞就会让卫星运营商极力寻求的机遇眨眼间消失殆尽,因此将会确保所有卫星系统都能各行其轨道,而不会在同一时间来到同一地点发生碰撞。OneWeb 公司有意让其星座与其他现有星座隔开一定的距离,以降低因相互碰撞产生碎片的风险。另外,OneWeb 公司表示,每颗卫星上都配备用于实施离轨的电推进装置,离轨装置是卫星上可靠性最高的功能部件,甚至高于创收用的有效载荷,从而保证其失效卫星在 5 年,甚至更短时间内离轨。在离轨预报方面,每颗小卫星配备冗余的全球定位系统(global positioning system, GPS)接收机,实现与地面站的持续通信联络,以掌握卫星从发射到大气再入过程中的位置情况。OneWeb 公司还计划在其卫星上加装一个抓斗夹具,如果其中一颗卫星无法自行离轨,第三方卫星可以与失效卫星对接,抓住它并使其脱离轨道。

SpaceX 公司也表示 Starlink 卫星设计成能在寿命期内开展数千次机动,避免撞到其他物体和成功脱离轨道。SpaceX 公司宣称 Starlink 卫星具备自主碰撞规避功能,能够从美国国防部碎片跟踪系统获取信息,自主执行机动来规避与空间碎片和其他航天器发生碰撞[5-7]。图 2 - 4(a)为 Starlink 卫星用于碰撞规避的发动机、动量轮;图 2 - 4(b)为 Starlink 卫星自主机动实施流程,首先根据动量轮进行姿态调整,然后利用离子发动力提供的推力变轨。SpaceX 公司宣称通过减缓设计可以保证 Starlink 卫星 95% 的部件能够在寿命末期再入地球大气层烧毁,并能在寿命期内开展数千次机动,以避免撞到其他物体。

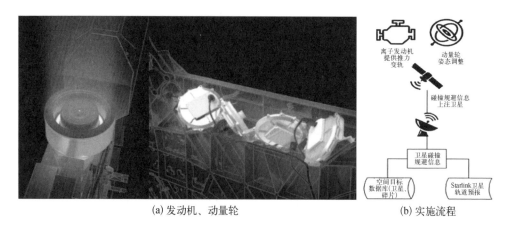

(a) 发动机、动量轮　　　　　　　(b) 实施流程

图 2 - 4　Starlink 卫星用于碰撞规避的发动机、动量轮及实施流程[8]

虽然 OneWeb 公司和 SpaceX 公司都表示其卫星星座具备空间碎片减缓设计,不会恶化空间环境,但近些年发生了多起星座卫星引发的"太空会车"事件。2019年 9 月 2 日,首批 Starlink 卫星之一 Starlink 44 与 ESA 的风神(Aeolus)卫星交会,其碰撞概率达 1.696‰,高出了 ESA 进行规避操作门限的 10 倍以上。为此,风神卫星于当日点燃了推进器,提升了自身轨道,以便安全地经过 Starlink 44 卫星轨道,这是 ESA 史上首次执行避碰变轨。2021 年 3 月 30 日,美国声称,4 月 3 日左右,在 OneWeb 公司的 OneWeb - 0178 卫星轨道提升过程中,与 Starlink - 1546 卫星的碰撞概率达 1.3%,远高于需进行轨道机动的阈值 0.01%。对此,OneWeb 公司对 OneWeb - 0178 卫星实施了轨道机动操作,最终两颗卫星以 1 120 m 的最近距离安全通过。英国南安普敦大学航天研究组组长兼太空碎片专家刘易斯分析,美国SpaceX 公司的 Starlink 卫星每周约涉及 1 600 起航天器近距离相遇事件,占交会事件总数的一半。

2. 巨型星座未来部署情况与碰撞风险预测

未来,巨型星座卫星大规模进入轨道,在其寿命结束或意外失效后都将成为新的空间碎片,并带来巨大的空间碰撞风险,由此产生的凯勒斯效应将是不可想象的,极有可能引发海量碎片的出现。同时,数以万计的小卫星进入太空,若轨道上布满各种各样的卫星,运载火箭的发射窗口将被一步步压缩,这些对低轨航天器的正常运行和运载火箭发射引发的潜在威胁不容忽视[7,9]。另外,航天器采取复杂的空间碎片规避策略将带来更高昂的代价,这也将使未来航天器研制和发射成本骤然增加。

　　预计 2025 年, Starlink、OneWeb 等星座计划完成阶段部署, 全球在轨卫星达到上万颗, 相当于过去 60 余年发射的卫星总量, 卫星失效率为 2% ~ 5%, 各类碰撞风险事件将不断发生。

　　预计 2035 年, Starlink、OneWeb 等星座计划完成全面部署, 全球在轨卫星接近 10 万颗, 低轨卫星密度持续增加, 按照失效率 1% 估算, 失效卫星将达到数百颗的规模, 各类碰撞风险将显著增加。

　　预计 2045 年, 数个低轨巨型星座完成部署, 早期部署的星座完成更新换代, 低轨轨位趋于饱和, 随着技术成熟度提升, 失效率显著降低, 但由于卫星密度极高, 碰撞概率进一步增加, 机动空间将受到限制。若不及时进行失效卫星离轨, 存在会因碰撞引发链式反应的可能性。

2.3.2　巨型星座空间碰撞风险初步分析

　　低轨巨型星座带来的碰撞威胁主要包括: ① 星座卫星内部之间的碰撞; ② 星座卫星的外部碰撞。星座内部卫星间发生碰撞主要是轨道摄动影响, 以及卫星入轨、离轨、轨控等过程中的误差导致的。星座的外部碰撞威胁主要是星座中卫星与大量空间碎片之间的碰撞。

　　1. 星座卫星内部之间的碰撞分析

　　星座卫星内部碰撞可以依据卫星之间的接近距离与接近次数进行分析。Petit 等统计分析了星座内部卫星之间的接近频率及累积碰撞概率[10], 结果表明, OneWeb 星座在 133 天内的累积碰撞概率为 $3.23 \times 10^{-7} \sim 2.33 \times 10^{-5}$; Starlink 星座在 162 天内的累积碰撞概率为 $4.00 \times 10^{-12} \sim 7.17 \times 10^{-7}$。Reiland 等提出了一种用于计算星座内卫星碰撞的模式匹配算法[11], 研究结果表明, 最小空间占用轨道设计方法应用于巨型星座建设能够显著降低星座内部卫星碰撞风险。例如, 对于 OneWeb 星座, 采用上述轨道设计方法可以将 90 日内星座卫星内部的碰撞风险事件次数从 2 522 次降至 232 次; 对于 Starlink 星座, 采用上述控制方法可以将 90 日内星座卫星内部的碰撞风险事件次数从 3 676 次降至 1 458 次。

　　2. 星座卫星与空间碎片碰撞威胁

　　文献[12]采用 ESA 的 MASTER – 2009 模型对 OneWeb 星座和 Starlink 星座与空间碎片的碰撞概率进行分析, 两个星座的主要构成如下。

　　(1) OneWeb 星座: 包括 720 颗卫星、轨道高度为 1 200 km、倾角为 87.9°, 卫星均匀分布在 18 个轨道面内, 每个轨道面 40 颗卫星。

　　(2) Starlink 星座: 包括 1 664 颗卫星、轨道高度为 1 150 km、倾角为 53°, 卫星均匀分布在 32 个轨道面内, 每个轨道面 52 颗卫星。

　　为了评估空间碎片对巨型星座的碰撞威胁, 文献[12]采用了灾难性碰撞的概念, 考察一年内灾难性碰撞事件发生的概率。灾难性碰撞用空间碎片和卫星的能质比衡量,发生灾难性碰撞会导致卫星失效,甚至解体。

分析表明,在未对星座进行碎片规避的情况下,OneWeb 星座一年内至少发生一次灾难性碰撞的可能性为 5%,而 Starlink 星座一年内至少发生一次灾难性碰撞的可能性则高达 46.8%。需要注意的是,该分析结果表征了星座系统的平均碰撞行为,并非严格意义上的实际碰撞概率的预测,实际的碰撞概率预测需要基于星座与空间碎片的实际运行轨道进行讨论。

2.3.3　巨型星座对运载火箭发射影响的初步分析

1. 未来大规模进入空间规模预测

未来大规模空间探索与开发活动,势必带来大规模进出空间和空间转移的需求。以我国为例,初步预测了未来进出空间和空间转移的规模需求,如表 2-2 所示。预计在 2035 年,我国进出空间和空间转移的规模需求超 3 000 t,航天运输系统年总飞行次数将达数百次,平均每天发射 1 次,与在轨物体发生碰撞的风险不断增加。2045 年,我国进出空间和空间转移的规模需求达万吨级,航天运输系统年总飞行次数将达千次量级,发射任务达到平均每天数次,与在轨物体发生碰撞的风险再度增加,将给发射窗口和发射安全性带来风险,需要提前考虑不断增加的空间物体数量对频繁的发射任务带来的影响。

表 2-2　我国未来大规模进出空间和空间转移的规模需求预测　　　（单位: t）

需　　求	2035 年	2045 年
通信/导航/遥感(含大规模星座)	500	1 000
空间科学探索与试验	100	300
在轨服务与维护	250	500
太空旅游及全球极速运输	1 000	5 000
空间关键节点基础设施	300	1 000
深空探测	100	300
太空能源(含太阳能电站)	500	3 000
资源开发与利用(含太空采矿)	100	1 000
天基预警(碎片和小行星预警)	100	300
太空安全	100	400

续　表

需　　　求	2035 年	2045 年
太空医药/农业/制造	200	500
空间环境监测与预警	50	200
其他	300	1 000
小计	3 600	14 500

2. 对火箭发射影响分析

为了分析巨型星座对运载火箭发射安全性的影响,引入卫星面通量对卫星经过火箭附近的频率进行描述。卫星面通量是指单位时间内通过特定空间平面的卫星数量,如图 2-5 所示。

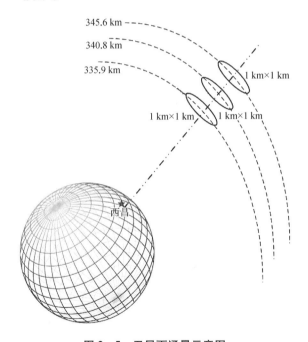

图 2-5　卫星面通量示意图

Starlink 星座是目前在轨卫星数量最多、部署计划最明确的巨型卫星星座,第二阶段计划在 335.9 km、340.8 km 和 345.6 km 的近地轨道上部署卫星。大多数运载火箭发射任务都会途经这一高度段,部署在该高度段的巨型星座将会对火箭发射的安全性产生威胁。以上述三个轨道高度为例,在西昌上空的每个轨道高度上取半径为 1 km 的圆面为空间参考面,以 1 天时间为仿真周期,分别对每个轨道高度内的 7 200 颗卫星进行卫星面通量计算,结果如表 2-3 所示。

表 2 - 3　卫星面通量仿真结果

轨道高度/km	轨道倾角/(°)	卫星数量/颗	卫星面通量/[颗/(km² · 天)]
335.9	42	7 200	28
340.8	48	7 200	23
345.6	53	7 200	24

为研究运载火箭发射后与 Starlink 星座中一个卫星距离小于 1 km 的概率,假设运载火箭垂直穿过 Starlink 星座所有的轨道层,Starlink 星座所有轨道层高度、卫星数量、轨道倾角如表 2 - 3 所示。以运载火箭轨迹与球面交点为中心,选取如图 2 - 6 所示的半径为 1 km、高度为 2 km 的接近参考圆柱,其上下表面到空间参考面的距离均为 1 km。可以近似认为,在运载火箭运行通过参考圆柱时,若空间参考面内有卫星通过,则二者距离小于 1 km。

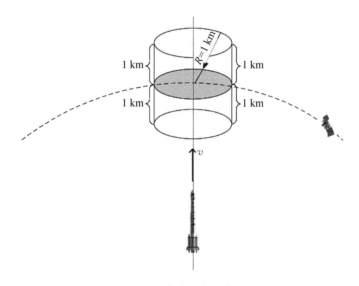

图 2 - 6　参考圆柱示意图

表 2 - 4 对 Starlink 星座已在轨运行和计划部署的所有轨道进行了卫星面通量仿真计算。假设运载火箭在通过参考圆柱时的平均速度为 5 km/s,可计算出运载火箭通过该圆柱的时间 t,结合卫星面通量 F_i,即可计算得到运载火箭与该轨道层内卫星距离小于 1 km 的概率 $P_i = F_i g t$,最终可以得到火箭发射全程与 Starlink 星座卫星距离小于 1 km 的概率 $P = \sum P_i$。

表 2 - 4　Starlink 星座卫星轨道数据及计算结果

轨 道 层	轨道高度/km	轨道倾角/(°)	卫星数量/颗	卫星面通量 F_i /(km²/s)	运载火箭与卫星距离小于 1 km 的概率 P_i
第 1 轨道层	550.0	53.0	1 584	$5.99×10^{-5}$	$2.39×10^{-5}$
第 2 轨道层	1 110.0	53.8	1 600	$5.17×10^{-5}$	$2.07×10^{-5}$
第 3 轨道层	1 130.0	74.0	400	$1.29×10^{-5}$	$5.15×10^{-6}$
第 4 轨道层	1 275.0	81.0	375	$1.16×10^{-5}$	$4.64×10^{-6}$
第 5 轨道层	1 324.0	70.0	450	$1.38×10^{-5}$	$5.50×10^{-6}$
第 6 轨道层	345.5	53.0	2 547	$1.02×10^{-4}$	$4.09×10^{-5}$
第 7 轨道层	340.9	48.0	2 478	$9.96×10^{-5}$	$3.98×10^{-5}$
第 8 轨道层	335.8	42.0	2 493	$1.00×10^{-4}$	$4.01×10^{-5}$
第 9 轨道层	580.0	87.7	1 500	$5.62×10^{-5}$	$2.25×10^{-5}$
第 10 轨道层	539.7	85.0	1 500	$5.68×10^{-5}$	$2.27×10^{-5}$
第 11 轨道层	532.0	80.0	1 500	$5.70×10^{-5}$	$2.28×10^{-5}$
第 12 轨道层	524.7	75.0	1 500	$5.71×10^{-5}$	$2.28×10^{-5}$
第 13 轨道层	517.8	70.1	1 500	$5.72×10^{-5}$	$2.29×10^{-5}$
第 14 轨道层	498.8	53.0	4 500	$1.73×10^{-4}$	$6.90×10^{-5}$
第 15 轨道层	488.4	40.0	4 500	$1.73×10^{-4}$	$6.92×10^{-5}$
第 16 轨道层	482.7	30.0	4 500	$1.73×10^{-4}$	$6.94×10^{-5}$
第 17 轨道层	345.5	53.0	3 000	$1.20×10^{-4}$	$4.81×10^{-5}$
第 18 轨道层	334.3	40.0	3 000	$1.21×10^{-4}$	$4.83×10^{-5}$
第 19 轨道层	328.3	30.0	3 000	$1.21×10^{-4}$	$4.84×10^{-5}$
总和			41 927	0.001 617	0.000 647

　　计算得到火箭发射全程与 Starlink 星座卫星距离小于 1 km 的概率约为 0.000 6,该结果为初步分析,尚未准确考虑卫星轨道摄动和火箭发射的弹道偏差等因素。以上分析仅考虑 Starlink 星座卫星对单次发射带来的风险,综合考虑,未来将大规

模部署星座卫星而产生的空间碎片,且发射次数将不断增加,碰撞风险将急剧增加。

2.3.4　对策建议

面对巨型星座卫星对空间环境可能带来的巨大挑战和威胁,可采取以下应对措施。

1. 提升碰撞分析及应对能力

碰撞风险与分析预测能够为运载火箭发射的窗口选择与调整、发射方式的选择等提供关键性的决策支持,有效避免运载火箭与星座卫星的碰撞,提升未来大规模星座部署和大规模进入空间等情况下的火箭飞行任务可靠性,同时提升运载火箭射前窗口快速调整能力及弹道快速规划能力。扩展火箭的机动发射形式,适时采取车载发射、空射、海射等发射形式,也是运载火箭应对巨型星座碰撞风险的有效措施。

2. 发展商业化辅助离轨手段

面向未来大规模互联网卫星星座建设的态势,建议大力发展商业辅助离轨方法,开展相关技术飞行试验验证和应用,以此为基础,为星座计划的小卫星及各类航天器提供可靠、廉价、通用的离轨装置,通过有效控制成本,形成商业化产品,并提供离轨服务,推动空间碎片治理商业化运营。

3. 加强空间态势感知能力,提升自主避碰能力

应不断增强地基、天基及星上自主感知手段,加强空间态势感知能力,对空间碎片可能发生的碰撞事件进行监测与预警,同时在卫星研制过程中,加强自主避碰算法研究,提高自动化程度与智能性,从而降低碰撞发生概率[9]。

4. 增强关键元器件可靠性,减少意外失效概率

对于离轨所用的推进、控制、遥测、能源等分系统的重要单机设备,需要重点考虑其可靠性,以最大限度地减小意外失效的概率,从而保证能够按照其设计能力,在规定年限内实现自主离轨,减少对其他航天器的威胁[9]。

2.4　空间物体碰撞事件分析

随着人类向地球轨道空间发射的"人造物体"越来越多,人造空间物体之间的碰撞事件不可避免。

1991 年 12 月底,俄罗斯一颗失效卫星"宇宙 1394"撞上了本国另一颗卫星"宇宙 926",释放了大量碎片,前者产生了 2 颗可跟踪的碎片,后者则解体为无法被跟踪的更小的碎片。

1996 年 7 月 24 日,一颗 ESA 阿里安火箭碎片以 14.8 km/s 的相对速度撞

断了正在工作的法国"樱桃"电子侦察卫星的重力梯度稳定杆,使后者失去姿态控制。

2009 年 2 月 10 日,美国"铱星 33"(Iridium 33)与俄罗斯的废弃通信卫星"宇宙 2251 号"(Cosmos 2251)在西伯利亚上空发生在轨碰撞事件,产生了两千多颗能够被监测编目的空间碎片,此为著名的碰撞事故。以下对近些年发生的厄瓜多尔飞马座卫星撞击事件和美国国防气象卫星计划(Defense Meteorological Satellite Program, DMSP)中的卫星爆炸事件进行分析。

2.4.1　厄瓜多尔飞马座卫星撞击事件分析

据报道,2013 年 5 月 23 日,厄瓜多尔飞马座卫星被俄罗斯旋风-3 火箭末级碎片撞击,本节开展厄瓜多尔飞马座卫星撞击事件分析。

通过对空间物体在轨状态数据库信息中全部在轨空间物体(16 900 余颗)的轨道信息进行分析,在世界时 2013 年 5 月 23 日 5 时 38 分 16 秒,飞马座卫星与俄罗斯旋风-3 火箭末级碎片在印度洋上空发生了一次接近,最小接近距离仅为 0.982 km,二者的相对速度高达 2.32 km/s,相对角度为 17.72°,见图 2-7。由于北美防空司令部的轨道状态观测数据精度并不高,可以认为此次接近事件实际就是 2013 年 5 月 23 日引起的碰撞事件。

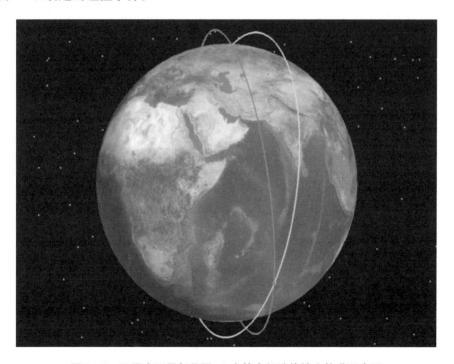

图 2-7　飞马座卫星与旋风-3 火箭末级碎片撞击轨道示意图

　　此次撞击事件发生前,飞马座卫星位于高度为 640 km、倾角为 98.07° 的太阳同步轨道上,旋风-3 火箭末级位于高度为 621 km、倾角为 82.53° 的近圆轨道上。撞击事件发生前后,飞马座与旋风-3 火箭末级轨道的星下点轨迹如图 2-8 所示。此次发生撞击的飞马座卫星本体的长度和宽度约 10 cm、质量约 1.2 kg,属于微纳卫星。如此小的一颗卫星却与火箭末级在 600 多千米的太阳同步轨道发生了碰撞。因此,航天器如何在拥挤的太阳同步轨道安全运行,值得我们高度关注。

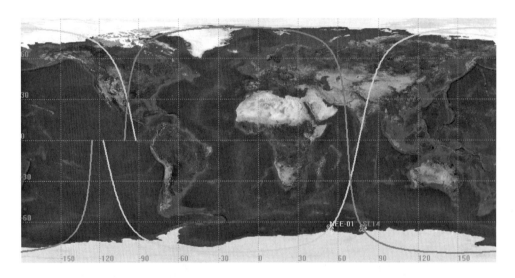

图 2-8　飞马座卫星与旋风-3 火箭末级轨道的星下点轨迹示意图

2.4.2　美国 DMSP 卫星爆炸事件分析

　　据报道,2015 年 2 月 3 日,美国军方一颗用于气象研究的军事卫星 DMSP-F13 在轨道上突然爆炸,生成了多颗碎片。通过对该事件进行分析,并跟踪产生的多颗碎片,对这些碎片的在轨长期演化及与在轨物体的碰撞风险进行分析。

1. DMSP 卫星简介

　　DMSP 卫星是世界上分辨率较高的极轨气象卫星之一,其飞行高度约为 840 km,能够分辨出地面上汽车大小的物体,可以利用月光照明并在夜晚拍摄可见光照片。采用 DMSP 卫星拍摄城市灯光、火山爆发、大火、闪电、流星、油田和极光,这些图片可以用来计算一个地区的能源使用量,天文学家则用它们来确定一个观察点的光污染程度。

　　美国国防部于 20 世纪 60 年代中启动 DMSP,该项目包括设计、制造、发射和维持几颗极轨气象卫星。DMSP 通常运行 2 颗业务卫星和 3 颗部分业务卫星,从卫星传输下来的资料被送到国家地球物理数据中心存档。

最初的 DMSP 卫星为自旋稳定卫星,装载"快门"式照相机。到 20 世纪 70 年代,DMSP 卫星已能获得可见光和红外图像。20 世纪 80 年代初,卫星姿态控制有了明显改进,星上计算机处理能力大大提高。现有的卫星质量也从 20 世纪 60 年代的 40.86 kg 增加到接近 1 t。40 年来,DMSP 卫星在海陆空军事调度和保障中起到了重大作用。

由已公开的 DMSP 卫星运行轨道来看,由于其运行轨道高达 800 km,单独依靠大气阻力衰减很难在 25 年内让 DMSP 卫星烧毁于大气层内。

2. DMSP 卫星爆炸原因解析

美国军方于 2015 年 3 月 2 日称,这颗爆炸的 DMSP-F13 卫星于 1995 年发射升空,已工作了 20 年,其角色已于 2006 年变更为备用卫星,基本上属于"半退休"状态,不再作为主要卫星使用。

美军称,该卫星爆炸原因系卫星电力系统温度急剧上升,随即卫星失去姿态控制能力。卫星发生难以挽救的失控,随后在卫星所在位置的附近看到残片,这说明卫星发生了局部或彻底爆炸。

截至 2015 年,DMSP 项目还有其他 6 颗类似卫星在工作。值得注意的是,这不是该项目的卫星首次发生爆炸。2004 年,项目中一颗名为 DMSP-F11 的卫星也曾发生类似的在轨解体事故,并产生了多颗碎片(截至 2015 年还有约 69 块碎片在轨,大部分位于 800 km 左右的 SSO),但当时这颗卫星已不再服役。所有 DMSP 卫星产生了 131 个碎片,其中绝大多数由 DMSP-F11 和 DMSP-F13 卫星产生。

3. DMSP 卫星空间碎片在轨长期演化分析

北美防空司令部未公布 DMSP 卫星的轨道根数,因此无法还原 DMSP 卫星的长期轨道演化数据,但同期上天的还有两颗碎片 23534 和 23535,这两颗碎片与 DMSP 卫星基本处于同一轨道。

以 23534 碎片为例,通过 20 年的长期轨道演化(图 2-9)可以看出,该碎片经过了两次太阳活动周期,但由于运行轨道高度较高,20 年间靠大气衰减作用,其从 830 km 轨道衰减到 530 km 轨道,并将继续运行很多年后才能烧毁于地球大气层内。

从已经公布轨道根数的 29 颗 DMSP-F13 及 69 颗 DMSP-F11 卫星碎片所处轨道(图 2-10)来看,绝大多数都位于 700~850 km 轨道,几乎不可能在 25 年内衰减烧毁于地球大气层内。

4. DMSP 空间碎片在轨碰撞风险分析

由 SSO 卫星统计可见,绝大多数 SSO 卫星运行于 550~850 km 轨道高度,而 DMSP-F11 和 DMSP-F13 卫星形成的多数碎片都位于近 700~850 km 的 SSO 上,

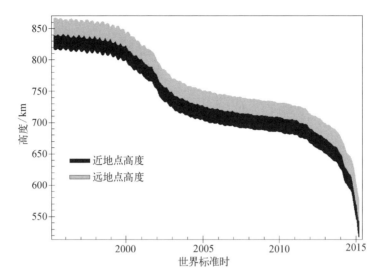

图 2-9 碎片 23534 在轨轨道高度长期演化

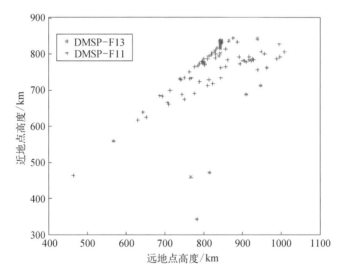

**图 2-10 DMSP-F11/DMSP-F13 卫星形成的
碎片所处轨道高度**

随着这些碎片轨道缓慢降低,将长期持续威胁(可能长达 20 年以上)运行于 850 km 以下的卫星。

事实上,基于北美防空司令部的数据,计算了 DMSP-F13 卫星碎片与在轨空间物体近期的碰撞风险,研究发现,这些碎片已经与空间在轨的物体有多次在轨接近,有较高的碰撞风险,有些接近甚至已经威胁到空间高价值卫星的安全。例如,2015 年 3 月 17 日 22 时 3 分 40 秒左右,编目为 40394 的 DMSP-F13 卫星碎片与编目为 34013 的 COSMOS 2251 碎片存在一次较危险的接近,最近距离仅约 1.27 km,碰撞概率高达 1.42×10^{-8}。此外,碎片与空间高价值目标(如在轨卫星等)也存在碰撞风险,例如,2015 年 3 月 17 日 22 时 3 分 30 秒左右,40394 碎片与编目为 36037 的隶属于 ESA 的 PROBA 2 卫星(于 2009 年 11 月发射上天)存在一次较危险的接近,最近距离仅约 14.26 km,碰撞概率达 8.1×10^{-9}。2015 年 4 月 5 日 5 时 4 分 30 秒左右,碎片与编目为 40314 的我国遥感卫星二十四号存在一次接近,最近距离为 17.33 km,碰撞概率达 6.58×10^{-9}。

如果是与空间碎片或卫星发生撞击,有可能生成更多碎片、破坏轨道资源;而与在轨正常工作的卫星碰撞,还将造成高价值的空间资产损失。

2.4.3 启示与建议

NASA 于 2008 年的一项研究显示,卫星爆炸的原因有很多,在已知事件中最常见的是推进故障等,占 45%;近 30% 是故意而为之,如武器试验。此外,还有意外碰撞轨道碎片等,不过这种可能性比较小,如前面提到的 2013 年接连发生的空间碎片撞击在轨卫星事件。

鉴于处于寿命末期的卫星存在多个危险源,建议在卫星临近报废时主动采取钝化措施,如进行剩余高压气体主动排空、电池主动放电,并利用剩余推进剂推离工作轨道。在 SSO,特别是对于高度较高的 SSO 卫星,主动降低近地点高度就可以大大缩短报废到大气层烧毁的时间。

参考文献

[1] Kessler D J, Cour-Palais B G. Collision frequency of artificial satellites: the creation of a debris belt. Journal of Geophysical Research: Space Physics, 1978, 83(6): 2637-2646.

[2] Kelso T S. CELESTRAK. (1985-12-01)[2021-12-29]. http://celestrak.org.

[3] 李明,龚自正,刘国青.空间碎片监测移除前沿技术与系统发展.科学通报,2018,63(25): 2570-2591.

[4] Rosenberg Z. The coming revolution in orbit. (2014-03-12)[2021-10-20]. https://foreignpolicy.com.

[5] 一网称其卫星能可靠离轨.中国航天,2017,9: 56.

[6] 张岩.太空探索技术公司和一网向国会详述星座规划.中国航天,2017,12: 42.

[7] 张晟宇.庞大星座计划,太空轨道难以承受之重——兼论商业航天的太空责任.卫星与网络,2017: 18-19.

[8] SpaceX. (2002-06-30)[2021-10-20]. http://www.spacex.com.

[9] 焉宁,张烽,陈蓉.低轨道卫星星座的潜在威胁以及对空间碎片减缓的新挑战.威海: 第十届全国空间碎片学术交流会,2019.

[10] Petit A, Rossi A, Alessi E M. Assessment of the close approach frequency and collision probability for satellites in different configurations of large constellations. Advances in Space

Research, 2021, 67: 4177 - 4192.

[11] Reiland N, ARosengren A J, Malhotra R, et al. Assessing and minimizing collisions in satellite mega-constellations. Advances in Space Research, 2021, 67: 3755 - 3744.

[12] Le May S, Gehly S, Carter B A, et al. Space debris collision probability for proposed global broadband constellations. Acta Astronautica, 2018(151): 445 - 455.

第 3 章
空间碎片减缓技术研究

任务末期作为轨道寿命的一部分,应满足 ISO 的要求,如何将运载火箭轨道级和航天器合理处置至关重要,因此国内外持续开展处置阶段的减缓技术研究,力争将任务后在轨产生空间碎片的可能性降到最低。本章主要从离轨、钝化和主动移除三个方面介绍减缓措施的理论研究和实践,包括离轨处理技术、离轨轨道设计、钝化处理技术、主动移除技术。离轨处理与钝化处理操作并不矛盾,可以仅实施离轨处理或者钝化处理,而对于无法直接离轨进入大气层的,除了实施离轨处理之外,还需要执行钝化处理。对于无法自行执行钝化、离轨操作的运载火箭轨道级和航天器,需要借助主动移除技术辅助其离轨。

其中,离轨处理技术主要介绍基于航天器自身动力的离轨技术、基于电动力绳的离轨技术、增阻离轨技术及典型离轨案例;离轨轨道设计着重介绍离轨轨道设计概述、上面级离轨轨道设计及远场安全分析、基于离轨装置的近地轨道离轨分析;钝化处理技术则从钝化设计及要求、剩余推进剂及高压气体排放技术、电池放电及飞轮等储能装置卸能处理及钝化处理案例四个方面进行讲述;主动移除技术主要介绍基于机械装置的碎片移除技术、激光移除空间碎片技术及离子束推移空间碎片技术。

3.1 离轨处理技术

3.1.1 基于航天器自身动力的离轨技术

1. 概念内涵

基于航天器自身动力的离轨技术主要是指主动离轨,即任务结束后,利用自身携带的动力装置进行轨道机动,离开航天器运行轨道,进入坟墓轨道(对于高轨航天器),或降低近地点高度从而缩短轨道寿命(对于低轨航天器)。航天器自身携带的动力装置可包括化学工质火箭发动机、姿控发动机、电推进发动机等。航天器离轨包括高轨航天器的离轨和低轨航天器的离轨,在实施离轨操作时需主要考虑推进剂剩余量、测控覆盖情况、器上能源供应等因素。

1）高轨航天器离轨

高轨航天器主要指地球静止轨道卫星。地球静止轨道是倾角为 0、高度约 36 000 km 的圆轨道，而且轨道周期正好和地球自转周期相同。根据地球静止轨道独一无二的特点，国际电信联盟（International Telecommunication Union，ITU）推荐两个同频段、共服务区的地球静止轨道卫星之间的最小轨位间隔为 3°。虽然采用轨道共位技术或者两颗相邻卫星使用不同的频段通信的方法能够提高轨道的使用率，但地球静止轨道轨位资源依然非常稀缺。随着地球静止轨道废弃卫星的不断堆积，严重妨碍了各国对地球静止轨道的使用，也给地球静止轨道在轨航天器安全带来了切实的危险。为了有效保护这一有限的自然资源，联合国和平利用外层空间委员会建议各国在服务终结之前对地球静止轨道卫星实施离轨操作，即通过系列切向机动将卫星转移至高于地球静止轨道约 300 km 的坟墓轨道。目前，高轨卫星的主动离轨处置主要通过抬高轨道高度（升轨方式）或者轨道高度与轨道倾角联合控制等方式将退役卫星推入坟墓轨道，进行钝化处置。

对于常见的静止轨道卫星，在其服务终结或到达寿命末期时，在星上状态及剩余推进剂满足实施正常离轨的情况下，可实施相隔半个轨道周期的霍曼转移，将卫星从静止轨道转移至坟墓轨道。

目前，有部分卫星采用了电推进动力系统，具有比冲高、推力小的特点，利用电推进器进行高轨卫星的轨道机动和维持成为目前最经济的手段，可大大延长卫星的在轨寿命。对于这类采用小推力动力装置的航天器，由于其推力小、推力持续时间长，其离轨设计不同于传统化学推进航天器，需要对推力方向进行优化，即小推力离轨的最优控制问题。

2）低轨航天器和运载火箭轨道级离轨

低轨航天器主要指低轨卫星，运载火箭轨道级主要包括火箭末级、上面级等。低轨航天器和运载火箭轨道级的主动离轨主要是通过降低轨道高度，依靠大气阻力作用使其自身再入大气层烧毁。根据 IADC 编订的《IADC 空间碎片减缓指南》，低轨航天器在任务完成后主动离轨，需要在 25 年内再入大气层烧毁。随着低轨航天器数量日益增加，特别是大型卫星星座的出现，预计未来的在轨航天器数量仍会大幅增长，不少业内人士呼吁将卫星离轨时间要求缩短到 5~10 年，但尚未达成共识，因此目前仍保留 25 年的离轨要求。低轨航天器主动离轨就是利用航天器本身的动力系统，在恰当的时机对航天器施加与其飞行速度方向相反的作用力，使航天器的轨道高度，尤其是近地点高度降低，然后再依靠大气阻尼作用，使航天器高度逐渐衰减并在一定时间内再入大气层。根据轨道机动优化原理，主动离轨操作应在航天器运行至轨道远地点时实施，此时进行轨道机动，在与飞行速度方向相反的方向施加制动力，可有效降低轨道近地点高度。

对于低轨卫星，为使航天器坠落到预定海域，以保证地面人员和财产的安全，要求对寿命末期的卫星离轨再入大气实施有效控制。为此,寿命末期航天器应预留有一定质量的推进剂。对于轨道高度较低的卫星,离轨控制可以采用大气衰减-制动和制动-大气衰减-制动两种方式。相对而言,制动-衰减-制动的方式可使轨道高度衰减得相对较快,总的推进剂消耗相对较少。要注意的是,若轨道高度过低,由于受到稠密大气气动加热作用的影响,航天器会发生烧蚀,甚至解体,残骸落区无法控制。因此,当航天器轨道衰减到一定高度时,须停止继续衰减,转而执行再入制动控制。低轨航天器执行再入制动控制,应该安排在有地面测控站或中继覆盖范围内。

2. 国内外实施案例

国外部分火箭末级与有效载荷分离,以及防污染和碰撞机动(contamination and collision avoidance maneuver, CCAM)后,都将进行离轨处置,如 Vega 运载火箭的漫游姿态上面级(attitude vernier upper module, AVUM)、质子号 M 运载火箭的微风-M 和联盟运载火箭的 Fregat 上面级、Falcon9 和德尔塔 4 等运载火箭的末级,其发动机一般具备多次点火能力,可根据剩余推进剂等情况进行离轨,将上面级或末级推入近地点较低的轨道,或直接再入大气层。

我国 CZ-4B/4C 火箭和 CZ-6 运载火箭则利用剩余推进剂排放过程中产生的排放力和姿控推力器推力的共同作用使火箭末级脱离任务轨道。未来,运载火箭末级或上面级在动力装置具备多次点火能力后,可通过与姿控动力系统的配合,实现更有效果的离轨。

目前,对于国内外的地球静止轨道卫星等高轨航天器,星载发动机一般为多次起动,具有轨道机动的能力,在推进剂剩余量、测控覆盖、星上能源等条件允许的条件下,均可以利用星上的仪器设备实施离轨操作进入坟墓轨道。我国北斗一号GEO 卫星也有相关的离轨实施案例,由于无法直接离轨进入大气层,还需要执行推进剂排空等钝化处理操作。

1) 德尔塔 4 火箭二子级离轨

2006 年 11 月,德尔塔 4 火箭将一颗美国气象卫星送入 850 km 圆轨道。星箭分离 1 小时 33 分 25 秒后,火箭二子级主发动机再次点火并持续燃烧 2 分 55 秒,实现了受控再入,二子级最终坠落在太平洋中部海域,美国波音公司给出的德尔塔 4 火箭二子级受控离轨轨迹如图 3-1 所示。

二子级 RL10B-2 发动机是一种采用膨胀循环方式的氢氧发动机,喷管可延伸,能多次启动,这就为离轨操作提供了基础。二子级可将受热蒸发的氢引入朝后的推力器产生推力,使推进剂沉底,必要时还可启动姿态控制系统执行沉底机动。当发动机多次起动时(2 次以上),须在二子级上加装 1 个氦气瓶。

2) CZ-6 运载火箭三子级离轨

CZ-6 运载火箭作为我国新一代三级液体运载火箭,采用新型液氧煤油动力系统和基于总线体制的新型电气系统。如图 3-2 所示,为适应火箭对 500 km 以

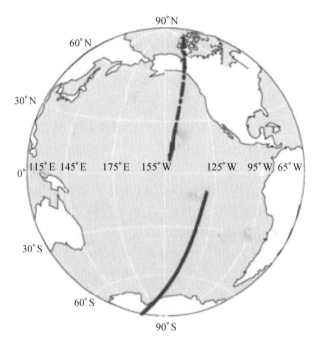

图 3 - 1　德尔塔 4 火箭二子级受控离轨

上轨道的运载能力要求,设置了小型变轨三子级,该子级设置 4 个球形金属膜片贮箱、2 个燃料贮箱和 2 个氧化剂贮箱,加注约 750 kg 的四氧化二氮/偏二甲肼推进剂,主发动机为高效泵压式两次起动双向摇摆发动机,发动机主阀具备多次打开关闭能力。CZ - 6 运载火箭三子级同时设置了独立的姿控系统,提供火箭滑行段调姿功能。2 个俯仰喷管和 2 个偏航喷管(共计 4 个姿控喷管)沿箭体轴向安装,推力均为 25 N,喷管出口朝向箭体尾端(图 3 - 2),4 个姿控喷管可提供三子级离轨动力。

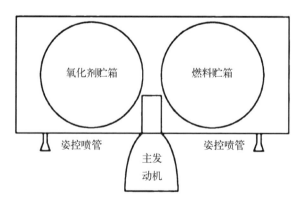

图 3 - 2　CZ - 6 运载火箭三子级

星箭分离后,为避免火箭末级长时间在轨发生爆炸,必须采用主动离轨措施,并有效排空贮箱内剩余推进剂,具体方式如下。

(1) 星箭分离后,当卫星和末级拉开一定距离后,末级进行调姿调头。

(2) 俯仰喷管和偏航喷管开启,以连续工作方式提供正推力,降低末级运行轨道,同时以关控制模式维持姿态稳定。

(3) 分别打开主发动机氧化剂主阀和燃料主阀,从发动机燃烧室排出剩余推进剂,在排空推进剂同时,提供正推力进一步降低末级轨道。

根据分析,CZ-6 运载火箭三子级通过 100 s 姿控正推离轨后,由 530 km 圆轨道变为 506 km×530 km 衰减轨道,近地点轨道高度降低约 14 km,三子级在轨寿命可缩短为 8.4 年。剩余推进剂排放最终将三子级轨道近地点高度降低约 370 km,根据在轨时间分析结果,三子级在轨时间小于 1 年。

3) 北斗一号 GEO 卫星离轨实践

(1) 离轨控制目标。

考虑到北斗一号 GEO 卫星的推进剂余量、控制误差及国际规定,测控操作部门与卫星研制部门共同确定北斗一号 GEO 卫星离轨控制目标为:轨道半长轴抬高 300 km 左右,偏心率小于 0.003。

(2) 离轨控制过程与效果评估。

① 北斗一号 01 星离轨控制与评估。2011 年 11 月 21 日和 22 日,实施了北斗一号 01 星两批次离轨控制,离轨控制结束后,卫星轨道半长轴为 42 493.6 km,比地球同步轨道抬高了约 328 km,偏心率为 0.000 44。卫星离轨控制结束后的地面测轨数据表明:该卫星离轨控制完全按照离轨方案和实施细则进行,离轨的控制误差较小,控制结果符合国际规则要求。

② 北斗一号 02 星离轨控制与评估。2011 年 11 月 21 日和 22 日,实施了北斗一号 02 星两批次离轨控制。离轨控制和推进剂排空后,轨道半长轴为 42 453 km,偏心率约为 0.008。卫星离轨控制结束后的地面测轨数据表明:由于卫星推进剂受限,离轨后轨道半长轴调整量为 287 km,轨道偏心率为 0.008(高于控制要求的 0.003)。尽管未能完全达到标准要求,但实现了在自身状态允许的情况下尽可能抬高卫星的轨道高度的目标。

(3) 关键技术。

基于自身动力的离轨技术,需要动力源具备多次起动能力,同时具备足够的推进剂剩余量、测控覆盖、器上能源等条件。对于采用常温推进剂的高低轨卫星或飞船,其发动机较易实现多次起动,本身就具有轨道机动能力和长时间在轨能力,不必增加额外的硬件,只需根据计算选择合适的离轨方案和离轨时刻实施操作即可。对于采用电推进等小推力动力装置的航天器,由于推力量级小,需要对离轨推力方向进行优化,解决小推力离轨的最优控制问题。

对于采用常规推进剂的火箭末级或上面级,其发动机一般可多次起动,但箭上电源、增压气体等较为有限,需在有限时间内确保在测控条件下实施离轨,同时考虑再入大气层后坠落地点的安全性问题,应在发射任务设计时统一考虑。采用低温推进剂的火箭末级或上面级离轨技术相对来说较为复杂,需要解决低温发动机多次起动、低温推进剂管理、低温推进剂蒸发量控制等技术问题。

3.1.2 基于电动力绳的离轨技术

1. 原理

电动力绳系是利用导电绳系切割地磁场而产生电荷效应,其中导电绳系端部安装有等离子接触器,当导电系绳与地球的磁层和电离层相互作用时,机械能便会转化为电能。如图 3-3 所示,其工作原理如下:当电动力绳系穿过地球电离层时,高速运动的导电绳索切割地磁场磁力线,进而在绳系上产生电动势,由于等离子体接触器与电离层之间存在电荷交换,绳系与电离层形成了一个闭合回路,在导电绳系中产生了电流。电流回路在磁场中受到洛伦兹力作用,绳系利用这个力矩实现空间目标的离轨[1,2]。

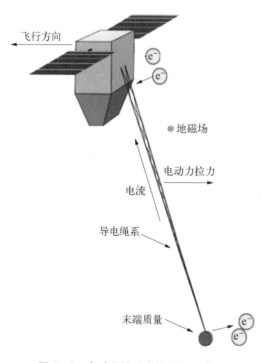

图 3-3 电动力绳系离轨原理示意图

与化学推进式离轨方法相比,基于电动力绳的离轨方法通过对电动力绳中的电流进行控制可实现离轨组合体(含航天器和电动力绳系)的姿态稳定,离轨过程不需要航天器提供动力和控制,操作更简单,这将极有效地减小离轨系统质量,提高离轨经济性。

2. 系统组成

电动力绳系一般由电动力绳系(包括导电绳系、绳系存储及释放装置)、绳系控制单元、等离子接触器等部分组成[3]。

1) 导电绳系

导电绳系存在两种形式,一种是绝缘绳系,另一种是裸绳系。

于 20 世纪 90 年代发展的绳系卫星系统(Tethered Satellite System, TSS)计划、等离子发动机(plasma motor generator, PMG)试验、电离层等离子体中电场分布的独特观测策略(Observations of Electric-field Distributions in the Ionospheric Plasma —

a Unique Strategy，OEDIPUS）等电动力绳系项目均采用绝缘导电绳系，绳系功能主要为传输电荷，形成电流。例如，TSS－1R 任务中所采用的电动系绳材料内芯为高熔点芳香族聚酰胺；第二层是以螺旋形式紧紧缠绕的 10 股铜线；第三层是由氟乙烯丙烯共聚物（fluorinated ethylene propylene，FEP）热缩管组成的绝缘材料；第四层是芳纶纤维强度构件，其包含 12 股多芯电缆，每股直径为 13 μm；第五层是高熔点芳香族聚酰胺编织网，系绳直径为 2.54 mm[4]。

　　而在 21 世纪初发展的用于推进的小型可扩展配置系统（Propulsive Small Expendable Deployer System，ProSEDS）、绳系试验（Tether Experiment，T－Rex）等项目则开始考虑采用裸绳系[5,6]，其除了可传输电荷外，还具备吸收电荷的能力，这样可以简化末端质量的功能。T－Rex 任务中的裸绳系为宽度为 25 mm、厚度为 0.05 mm 的铝带，全长约 300 m（实际释放约 132.6 m），释放前为 Z 形叠放，如图 3－4 所示。

图 3－4　Z 形叠放的带状系绳

　　裸绳系一般由三个部分组成：非导电部分、裸露的导电部分及绝缘的导电部分。为了防止放电现象的发生，绳系靠近火箭末级的部分是一小段非导体系绳，由抗拉能力强、电绝缘性好且密度低的材料组成。非导电部分增加了稳定性，同时尽量减小额外的质量。

　　绳系中导电的一部分裸露出来，用来收集电子，绳系上电子流动，产生电动势，从而形成电流，直至系绳和空间电势平等。一旦发生这种情况，绳系开始吸引离子和减小电流。电子收集量比离子收集量大得多，离子的质量和大小比电子大得多，因此离子移动慢得多，离子的收集不足以在模型中显现。

　　绳系的导电部分到端块最后的部分长度被绝缘，防止电子与来自阴极等离子接触器发射的离子被系绳直接收集。

进入离轨阶段后,空间微流星和碎片的撞击有可能造成绳系断裂,绳系的张力过大也会对绳系造成危险。因此,要对绳系的结构进行合理的设计,以减小断裂的风险,提高生存能力。根据初步技术研究,绳系设计必须保证其在较长的任务周期中的存活率达到 95%~98%。为保证绳系存活率,采用 Hoytether 的方案,其由几股绳束编织而成,结构为几条平行绳束,在中间为周期性相连,可以为载荷和电流提供冗余路径,以便在几股绳束断裂的情况下仍然保持设计载荷[7]。

2）绳系存储及释放装置

绳系存储及释放装置主要包括对绳系的存放、绳系的释放及绳系的释放停止,对应的设计部分主要为存储系统、弹射系统及制动系统。该装置的设计要求质量、尺寸和复杂度尽量小,保证绳系安全平滑地完全伸展,并保护系绳和系绳机构,防止其在休眠阶段受到太空环境的污染和太空垃圾的撞击。

在存储系统设计上,根据绳系形状的不同,其设计存在较大区别,圆柱状绳系一般缠绕在卷轴中,置于圆筒形容器或是支撑结构之上,这样可以通过控制卷轴的转速来控制绳系的释放速度;对于带状绳系,主要是将绳系呈 Z 形折叠放置于开口矩形箱中,通过在箱壁上安装测量器来记量通过的带状绳的层数,以此进行长度测量。

在弹射系统上,目前绳系释放速度和弹射速度一般保持在每秒几米即可,因此弹射装置主要采用弹簧即可保证相应的冲量。

在制动系统上,各项目主要采用的方法是在绳系末端通过增加摩擦力来减小释放速度,一般通过在末端包裹摩擦材料实现。

2010 年 8 月,日本通过探空火箭开展了电动力裸绳系试验,T - Rex 系统的探空火箭端安装有弹射装置,用来提供分离初速,卫星端安装绳系释放机构,如图 3 - 5 所示。

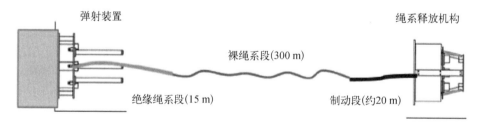

图 3 - 5　T - Rex 绳系释放装置[6]

3）绳系控制单元

绳系控制单元实现功能包括:激活释放展开装置;监控绳系的动力学参数信息并控制绳系的运动;响应地面遥控信号以进行激活或应急处理。绳系控制单元一般包括电源模块、绳系控制电路模块、射频接收机和传感器等。

其中,电源模块为绳系控制单元提供电源,并可为等离子接触器提供启动和保持电压,同时具备储能功能,接收导电绳系的充电电流转化为电池能量储存。

绳系控制电路模块是核心处理部件,它接收火箭末级的指令信号以控制释放展开装置工作,同时可接收地面遥控指令信号进行应急处理。另外,在释放展开阶段和组合体离轨阶段,该模块可监测动力学状态信息,并实现相应控制策略实现,控制电荷发射装置电流大小及开断控制,以满足稳定离轨要求。

4)等离子接触器

通过等离子接触器与空间离子环境进行电荷交换是电动力绳系航天器的关键技术,电荷收集、发射效率与很多因素有关,如系统本身与周围环境的电势差,导体几何尺寸,形状,环境和轨道根数等。

最常用的等离子接触器有三种:热电子阴极、电子场发射阵列、空心阴极,现介绍如下。

(1)热电子阴极[8]。

热电子阴极主要利用了加热金属或者金属氧化物表面会发射电子这一特性。图 3-6 为美国 Heat Wave Labs 公司生产的一种热电子阴极。一旦电子从受热的金属表面射出,它们就需要一定的能量来穿过等离子壳层。通常,人们使用电子枪来使电子获得这一能量。

热电子阴极发射电子主要受两种因素的影响:温度限制与空间电荷限制。在温度限制范围内,从阴极射出的电子全部被电子枪加速到可以穿过等离子壳层,此时热电子阴极射出的电流大小完全取决于其温度。而在空间电荷限制范围内,从阴极射出的电子没有完全被电子枪加速到可以穿过等离子壳层。此时,随着电子枪加速电压的增大,其射出的电流也不断增大。

(2)电子场发射阵列。

与热电子阴极的电子发射方式不同,电子场发射阵列通过直接在分布式发射器上施加电压来达到发射电子的目的。采用电子场发射阵列,具有结构简单、体积小、功耗小等优点,并且不需要配备压缩气体容器等附件,其原理如图 3-7 所示。

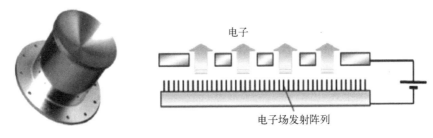

图 3-6　典型热电子阴极　　　　　图 3-7　电子场发射阵列原理图

可用来制作发射电子的分布式发射器的材料有很多种,如硅、半导体材料等。

Ohkawa 等[9]用一种新型的碳纳米管材料制作了电子场发射阵列,并在地面真空环境下进行了可靠性试验。在试验过程中,发射阵列能够正常地工作1500 h,从而证明碳纳米管发射阵列有较好的稳定性。

(3) 空心阴极。

空心阴极的原理是首先让气体通过电场,在电场的作用下使气体离子化,然后将离子化的气体喷出。被离子化的气体是一种高密度等离子体,其会与周围空间环境中已经存在的低密度的等离子体发生作用,形成双鞘(double sheath)效应,在双鞘效应的作用下,电子从阴极中射出,带正电荷的离子被吸入,从而达到了阴极的效果,如图 3-8 所示[10,11]。

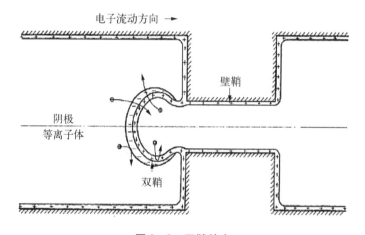

图 3-8   双鞘效应

空心阴极能够以较小功率获得较大的电子发射/吸收电流,是一种较好的等离子体接触器,其电荷交换基本工作原理如下:将发射体加热至一定温度,发射体能够发射足够多的热电子,高能电子与惰性气体(一般为氙气)发生电离,产生大量等离子体(离子、电子),等离子体对发射体的轰击能够维持发射体温度,当触持极开启时,便能够实现自持放电。当阴极管与外界无电位差时,无电荷交换;当阴极管电位高于外界时,大量离子被发射,羽流区自发中和,必须不断从外界环境吸收电子,由于电子速度远大于离子,形成净电子吸收电流,称为阳极工作模式;当阴极管电位低于外界时,大量电子被发射,羽流区自发中和,从外界环境吸收电子或自发产生离子,形成净电子发射电流,称为阴极工作模式。图 3-9 为空心阴极等离子体接触器的阴极工作模式示意图。空心阴极射出的电流的大小与很多因素有关,包括保持器的大小、气体的流量、外加电压等。

对各种等离子接触器进行比较,如表 3-1 所示,具体选择哪种等离子接触器可以根据实际情况来确定。

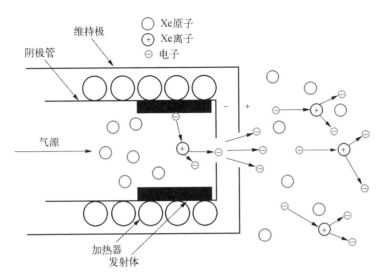

图 3 - 9　空心阴极等离子体接触器阴极工作模式示意图

表 3 - 1　各种等离子接触器的优缺点比较

等离子接触器类型	优　　点	缺　　点
热电子阴极	结构简单、技术成熟	受空间电荷的影响
电子场发射阵列	结构小、耗电低	技术不成熟
空心阴极	产生的电流大	需要额外装置储存气体

3. 动力学与控制

1）概述

电动力绳系火箭末级离轨过程分为三个阶段。

（1）绳系释放前稳定段：在绳系释放前,需要保证火箭末级姿态稳定,且其纵轴与当地垂线基本重合,这是后续绳系弹射释放的前提。

（2）绳系弹射释放段：当火箭末级纵轴与当地垂线基本重合,且火箭本体姿态基本稳定时,将绳系弹射释放,直至全部展开。在此过程中,需要保证绳系稳定释放,绳系摆动满足要求,火箭末级本体的姿态运动幅度较小。

（3）电动力辅助离轨段：此阶段是整个离轨过程中耗时最长的阶段,绳系长度不再变化,且在电动力的阻力作用下实现末级离轨。在此过程中,需要保证绳系摆动幅度在一定范围内。

根据上述描述,不同阶段的动力学建模与控制方案介绍如下。

2）绳系释放前稳定段的动力学建模与控制

（1）动力学模型。

绳系释放前，由于绳系并未释放，仅考虑火箭末级姿态动力学模型。

箭体坐标系下的火箭末级姿态运动学方程为[12]

$$
\begin{bmatrix} \dot{\gamma} \\ \dot{\psi} \\ \dot{\varphi} \end{bmatrix} = \begin{bmatrix} 1 & \tan\psi\sin\gamma & \tan\psi\cos\gamma \\ 0 & \cos\gamma & -\sin\gamma \\ 0 & \sin\gamma/\cos\psi & \cos\gamma/\cos\psi \end{bmatrix} \begin{bmatrix} \omega_{x1} - \omega_{0x} \\ \omega_{y1} - \omega_{0y} \\ \omega_{z1} - \omega_{0z} \end{bmatrix} \quad (3-1)
$$

式中，φ、ψ、γ 分别为火箭末级相对于轨道坐标系的偏航角、俯仰角和滚转角；ω_{x1}、ω_{y1}、ω_{z1} 为末级相对箭体质心的三轴旋转角速度。

火箭末级姿态动力学方程如下[12]：

$$
\begin{cases} \dot{\omega}_{x1} + \dfrac{J_{z1} - J_{y1}}{J_{x1}}\omega_{y1}\omega_{z1} = \dfrac{M_x}{J_{x1}} + \dfrac{M_{gx}}{J_{x1}} \\[3mm] \dot{\omega}_{y1} + \dfrac{J_{x1} - J_{z1}}{J_{y1}}\omega_{x1}\omega_{z1} = \dfrac{M_y}{J_{y1}} + \dfrac{M_{gy}}{J_{y1}} \\[3mm] \dot{\omega}_{z1} + \dfrac{J_{y1} - J_{x1}}{J_{z1}}\omega_{x1}\omega_{y1} = \dfrac{M_z}{J_{z1}} + \dfrac{M_{gz}}{J_{z1}} \end{cases} \quad (3-2)
$$

式中，M_x、M_y、M_z 为控制力矩；J_{x1}、J_{y1}、J_{z1} 为火箭末级相对于箭体质心的三轴转动惯量；M_{gx}、M_{gy}、M_{gz} 为重力梯度力矩，描述如下：

$$
\boldsymbol{M}_g = \frac{3\mu}{r^3}(\boldsymbol{i}_C \times \boldsymbol{J}\boldsymbol{i}_C) \quad (3-3)
$$

式中，$\boldsymbol{i}_C$ 为地心与整体运载火箭质心连线方向的单位矢量，其定义为 $\boldsymbol{i}_C = -\boldsymbol{r}/r$；$\boldsymbol{J}$ 为整体运载火箭的转动惯量矩阵。

（2）控制方案。

根据此段的姿态需求，针对火箭末级合理配置反作用姿控系统，确保火箭末级在较快的时间内姿态稳定，达到弹射释放的姿态需求。

火箭末级采用 4 台 300 N 喷管+4 台 150 N 喷管进行姿态控制，姿控发动机均安装在末级氧化剂箱后短壳上，其中 4 台 300 N 喷管垂直于火箭末级纵轴、安装在象限线上，用于俯仰、偏航通道控制；4 台 150 N 喷管沿切线布局，靠近 I、III 象限线安装，用于滚动通道控制，如图 3-10 所示。其中，1#~4#为 300 N 喷管，5#~8#为 150 N 喷管。

通过喷管组反作用力矩实现姿态控制，将喷管组在第 i 个轴向上可产生力矩的绝对值记为 $M_q^{\max}$，其数值可根据图 3-10 及火箭末级尺寸计算得到。喷管开启指令采用相平面控制算法计算，如式(3-4)所示：

$$k_q = \begin{cases} 1, & e \geqslant \theta_{Dq} \\ 1, & e \geqslant (1-h)\theta_{Dq}; & \dot{e} < 0 \\ 0, & -\theta_{Dq} < e \leqslant (1-h)\theta_{Dq}; & \dot{e} < 0 \\ 0, & -(1-h)\theta_{Dq} \leqslant e < \theta_{Dq}; & \dot{e} > 0 \\ -1, & e < -(1-h)\theta_{Dq}; & \dot{e} > 0 \\ -1, & e \leqslant -\theta_{Dq} \end{cases} \quad (3-4)$$

式中，θ_{Dq}、h 为可调门限参数；$k_q(q = \gamma, \psi, \varphi)$ 分别为各通道的姿控喷管开启指令；e 满足如下条件：

$$e = q + k_{qd}\dot{q}, \quad q = \gamma, \psi, \varphi \quad (3-5)$$

式中，$k_{qd}(q = \gamma, \psi, \varphi)$ 为各通道的角速度反馈系数。

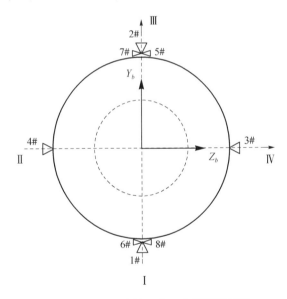

图 3-10　姿控喷管配置示意图(尾视图)

　3) 绳系弹射释放段的动力学建模与控制

　(1) 动力学模型。

　在绳系弹射释放段，基于电动力绳的火箭末级动力学模型主要包含两部分：绳系系统动力学模型及火箭末级姿态动力学模型，其中，绳系系统的动力学模型采用"珠式"模型，其本质是将系绳离散为一系列由无质量弹簧/阻尼器连接的质点，两端分别与火箭末级和载荷相连。因为这些离散质点像一粒粒钢珠，所以称为"珠式"模型。随着离散点增多，此模型会不断接近真实系统，但同时也变得更加复杂。

研究火箭末级(用 R 表示)通过柔性系绳对一质量载荷(用 M 表示)进行释放,如图 3-11 所示。火箭末级与载荷的质量分别为 m_R^0 和 m_M^0,视火箭末级是长度为 l 的圆柱体,其相对质心的转动惯量为 $\boldsymbol{J}$,将载荷视为质点,由刚度为 EA、线密度为 μ_L、原始长度为 L 的黏弹性柔绳连接。系留台 P 上的一个收放机构用于对系绳进行卷绕收放,系留台可置于火箭末级附近的任意位置。

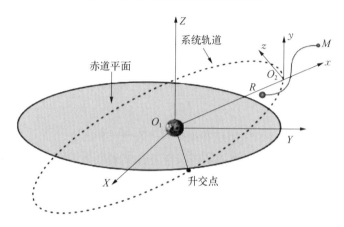

图 3-11 绳系火箭末级刚-柔耦合模型

将柔性系绳均匀分为 n 个单元,并设绳单元质量 $m_e = \mu_L L_e$ 集中于各单元中心,其中 $L_e = L/n$,表示绳单元的原始长度。为便于表述,将火箭末级记为节点 0,沿火箭末级至载荷方向将绳单元的集中质量点依次记为节点 1,2,$\cdots$,n,载荷记为节点 $n+1$。在火箭末级,还有 n_R、n_M 个绳节点。显然,只要系绳单元数足够大,就可得到逼近真实系绳的力学模型,如图 3-12 所示。

图 3-12 离散的系绳单元

将火箭末级刚体受到的地球万有引力向质心 O_R 简化,同时考虑火箭末级(载荷)受到地球引力及系绳拉力,依据 Newton 第二定律,可列出火箭末级(载荷)质心动力学方程表达式[13]:

$$m_{R(M)} \ddot{\boldsymbol{r}}_{R(M)} = \boldsymbol{F}_{R(M)} + \boldsymbol{T}_{R(M)} + \boldsymbol{P}_{R(M)} \tag{3-6}$$

式中,$m_{R(M)} = m_{R(M)}^0 + m_e n_{R(M)}$;$\boldsymbol{r}_{R(M)}$ 为火箭末级(载荷)质心的位移矢量;$\boldsymbol{F}_{R(M)}$、$\boldsymbol{T}_{R(M)}$ 分别为火箭末级(载荷)受到的地球万有引力主矢和系绳拉力;$\boldsymbol{P}_{R(M)}$ 为外界

摄动力。

为统一起见,将式(3-6)中的下标 R 与 M 分别改写为与火箭末级、载荷对应的节点记号 0 和 $n+1$,则有

$$m_{0(n+1)}\ddot{r}_{0(n+1)} = F_{0(n+1)} + T_{0(n+1)} + P_{0(n+1)} \tag{3-7}$$

为避免奇异性,采用欧拉参数(四元数)描述火箭末级体轴系相对于轨道坐标系的转动。根据刚体力学理论,刚体绕定点的任意有限转动可由绕(过该点的)某个轴的一次有限转动实现。此轴通常称为欧拉轴,定义欧拉参数(四元数)如下:

$$\lambda_0 = \cos\frac{\theta}{2}, \quad \lambda_k = p_k\sin\frac{\theta}{2}, \quad k = 1, 2, 3 \tag{3-8}$$

式中,p_k 为沿欧拉轴方向的单位矢量 p 的分量;θ 为关于欧拉轴的旋转角。p 沿转轴方向,因此其在轨道坐标系和火箭末级体轴系下的坐标相同。

基于四元数描述的火箭末级运动学方程为[12]

$$\dot{q} = \frac{1}{2}W\overline{\omega} \tag{3-9}$$

式中,$q = (\lambda_1, \lambda_2, \lambda_3)^{\mathrm{T}}$;$\overline{\omega} = (\overline{\omega}_1, \overline{\omega}_2, \overline{\omega}_3)^{\mathrm{T}}$,表示火箭末级相对于轨道坐标系的角速度(在体轴系下的坐标向量);矩阵 W 定义为

$$W = \begin{bmatrix} \lambda_0 & -\lambda_3 & \lambda_2 \\ \lambda_3 & \lambda_0 & -\lambda_1 \\ -\lambda_2 & \lambda_1 & \lambda_0 \end{bmatrix} \tag{3-10}$$

采用体轴参考系,则描述火箭末级姿态运动的欧拉动力学方程为[12]:

$$J\dot{\omega} + \omega \times (J\omega) = M \tag{3-11}$$

式中,J 为惯量矩阵;$M = (M_x, M_y, M_z)^{\mathrm{T}}$ 为外力矩;$\omega = (\omega_1, \omega_2, \omega_3)^{\mathrm{T}}$ 是火箭末级的绝对角速度,满足:

$$\omega = \overline{\omega} + \omega_r = \overline{\omega} + A_\lambda^{\mathrm{T}}(0, 0, \dot{\nu})^{\mathrm{T}} \tag{3-12}$$

式中,ω_r 和 $\dot{\nu}$ 分别表示轨道角速度和角速度率;ν 为真近点角。

此处,J、ω、M 均为体轴系下的坐标形式,式(3-9)和式(3-11)完整描述了火箭末级的姿态运动。

火箭末级(载荷)外部绳节点的动力学方程为

$$m_i\ddot{r}_i = F_i + T_i + P_i, \quad i = n_R + 1, \cdots, n - n_M \tag{3-13}$$

式中,P_i 为各节点受到的外界摄动力;$T_i = T_{i,i-1} + T_{i,i+1}$,其中 $T_{i,i-1}$ 和 $T_{i,i+1}$ 分别

表示节点 i 的前端节点 $i-1$ 和后端节点 $i+1$ 对其的拉力，而 $T_{i, i-1} = EA(\eta_{i, i-1} - 1 + \alpha_d \dot{\eta}_{i, i-1})$，$\eta_{i, i-1}$ 为节点 i 与节点 $i-1$ 间的系绳延伸率，α_d 为系绳的阻尼耗散因数，$\dot{\eta}_{i, i-1}$ 为系绳段 $L_{i, i-1}$ 的延伸率。特别地，对于节点 $n_R + 1$，其前端是火箭末级节点0，而节点 $n - n_M$ 后端为载荷节点 $n+1$。

式(3-9)、式(3-11)及式(3-13)即描述绳系火箭末级的动力学模型。值得注意的是，随着系绳收放，绳节点进入/移出火箭末级本体，系统自由度随时间变化，该动力学系统为时变的高维刚-柔耦合非线性动力学系统，需要不断对系统质量矩阵、阻尼矩阵、刚度矩阵及节点等进行更新。

（2）控制方案。

绳系弹射释放段在时间历程上，分为弹射段和主动释放段两个阶段，相应的控制方案确定如下。

① 弹射段：带有末端载荷的系绳从火箭末级本体斜向前弹射，直到系绳飞行至本体垂线位置。在该阶段，系统不进行主动绳系释放控制，也不进行火箭末级本体姿态控制。

② 主动释放段：当系绳飞行至本体垂线位置时，绳系采取主动绳系释放控制，但不对火箭末级本体采取姿态控制，直至绳系完全释放。

在主动释放段，采用下述基于 Kissel 控制律对绳系进行释放，即火箭末级与绳系的连接节点施加控制拉力：

$$T_{n_s+1}[s(t)] = 0.02[s(t) - s_c(t)] + 2\dot{s}(t) + 3 m_{n+1} s(t) \dot{\nu}^2 \qquad (3-14)$$

式中，$s(t)$ 为当前火箭末级外部系绳长度；$s_c(t)$ 可表示为

$$s_c(t) = s_0 + s_f \left\{ 1 - \exp\left[-t \frac{\ln(s_f/s_0)}{t_f} \right] \right\} \qquad (3-15)$$

式中，s_0 和 s_f 分别为释放控制阶段初始和结束时刻火箭末级外部绳长；t_f 为 Kissel 控制律的控制时间长度，释放过程中限制最大拉力为 2 N。

4）电动力辅助离轨段的动力学建模与控制

（1）动力学模型。

在电动力辅助离轨阶段，由于火箭末级本体姿态运动对整体系统离轨性能的影响并不大，无须对火箭末级本体进行姿态控制，在动力学建模时，不用考虑火箭末级姿态动力学。因此，电动力辅助离轨阶段的系统动力学模型包含两部分：绳系摆动动力学模型和轨道动力学模型，两者在离轨过程中相互耦合。

① 绳系摆动动力学模型。由于电动力辅助离轨阶段时间较长，为将长时间离轨历程仿真的计算规模控制在合理水平，模型自由度不能太高，因此绳系摆动系统采用下述刚性杆动力学模型[13]：

$$
\begin{cases}
\ddot{\theta} = 2(\dot{\theta} + 1)\left[\dfrac{e\sin\nu}{\kappa} + \dot{\phi}\tan\phi\right] - \dfrac{3}{\kappa}\sin\theta\cos\theta + \dfrac{Q_\theta}{m^* l_c^2 \xi^2 \nu'^2 \cos^2\phi} \\[4mm]
\ddot{\phi} = \dfrac{2e\sin\nu}{\kappa}\dot{\phi} - \left[(\dot{\theta} + 1)^2 + \dfrac{3}{\kappa}\cos^2\theta\right]\sin\phi\cos\phi + \dfrac{Q_\phi}{m^* l_c^2 \xi^2 \nu'^2}
\end{cases}
\tag{3-16}
$$

式中,θ 为(轨道)面内偏角;ϕ 为(轨道)面外偏角;Q_θ 和 Q_ϕ 分别为与俯仰运动和滚转运动对应的广义力;其余变量释义见文献[13]。

② 轨道动力学模型。通过轨道摄动方程对轨道元素的长期演变过程进行描述。

为避免计算奇异,适应轨道倾角 $0° \leqslant i < 180°$ 和任意轨道偏心率的情况,引入 6 个非奇异轨道元素:

$$
\begin{cases}
p = a(1 - e^2), \quad \xi = e\cos(\bar{w} + \Omega), \quad \eta = e\sin(\bar{w} + \Omega) \\[2mm]
h = \tan\left(\dfrac{i}{2}\right)\cos\Omega, \quad k = \tan\left(\dfrac{i}{2}\right)\sin\Omega, \quad L = \Omega + \bar{w} + \nu
\end{cases}
\tag{3-17}
$$

相应的轨道摄动方程为[14,15]

$$
\begin{cases}
\dfrac{\mathrm{d}p}{\mathrm{d}t} = \dfrac{2p}{w}\sqrt{\dfrac{p}{\mu_e}}\,T \\[4mm]
\dfrac{\mathrm{d}\xi}{\mathrm{d}t} = \sqrt{\dfrac{p}{\mu_e}}\left\{S\sin L + [(w+1)\cos L + \xi]\dfrac{T}{w} - (h\sin L - k\cos L)\dfrac{\eta W}{w}\right\} \\[4mm]
\dfrac{\mathrm{d}\eta}{\mathrm{d}t} = \sqrt{\dfrac{p}{\mu_e}}\left\{-S\cos L + [(w+1)\sin L + \eta]\dfrac{T}{w} + (h\sin L - k\cos L)\dfrac{\xi W}{w}\right\} \\[4mm]
\dfrac{\mathrm{d}h}{\mathrm{d}t} = \sqrt{\dfrac{p}{\mu_e}}\dfrac{s^2 W}{2w}\cos L \\[4mm]
\dfrac{\mathrm{d}k}{\mathrm{d}t} = \sqrt{\dfrac{p}{\mu_e}}\dfrac{s^2 W}{2w}\sin L \\[4mm]
\dfrac{\mathrm{d}L}{\mathrm{d}t} = \sqrt{\mu_e p}\left(\dfrac{w}{p}\right)^2 + \dfrac{1}{w}\sqrt{\dfrac{p}{\mu_e}}(h\sin L - k\cos L)W
\end{cases}
\tag{3-18}
$$

其中,

$$
\begin{cases}
w = 1 + \xi\cos L + \eta\sin L \\[2mm]
s^2 = 1 + h^2 + k^2
\end{cases}
\tag{3-19}
$$

轨道动力学方程(3-18)中的 S、T、W 分别是沿轨道坐标系三个轴向的摄动加速度分量。主要的轨道摄动力来源包括[16]：大气阻力、地球的不均匀性和扁平率、作用于带有电流的电动力系绳的洛伦兹力、日月等天体引力、太阳辐射光压、发动机推力等。

由于不考虑发动机推力离轨,而其他天体引力、太阳辐射光压导致的摄动力在近地轨道上较前三种摄动力的影响较小。因此,仿真过程中仅考虑前三种摄动力作用,并进一步假设大气和地磁场的旋转与地球的自转同步。

对于刚性杆假设下的绳系摆动动力学模型,仿真过程中考虑由地球扁率摄动、大气阻力及电动力对系统形成的扰动力矩。

（2）控制方案。

在电动力辅助离轨阶段,绳系采取稳定控制,但无须对火箭末级本体采取姿态控制,直至系统离轨。

为保证在电动力辅助离轨阶段,绳系不发生大幅摆动,而且能够实现系统降轨,这一阶段采用电流开断离轨控制算法,该算法简单、易于工程实现。

电流开断离轨控制方法中无须调节电流大小,其基本设计思想如下：在离轨过程中实时监测系统运动状态,通过计算控制指标量并与设定阈值相比较,确定电流回路开或断,从而在实现系统离轨的同时保证系统运动稳定。电流开断控制律设计并未直接利用系统解析动力学模型,而是基于摆动幅度限制及电动力作动的概念,对系统模型参数的依赖性较低,对模型参数等不确定性因素的鲁棒性强。

采用系绳摆角和广义力做功功率这两类指标,设计电流开断离轨控制律,并通过数值仿真对控制律进行验证。假定无电源辅助,系绳整体相对于空间环境为正偏置,电流方向与动生电动势方向一致。定义指标向量如下：

$$\psi_1 = \theta, \quad \psi_2 = \phi, \quad \psi_3 = E_m(\boldsymbol{u}_t \times \boldsymbol{B}) \cdot \frac{\partial \boldsymbol{u}_t}{\partial \theta}, \quad \psi_4 = E_m(\boldsymbol{u}_t \times \boldsymbol{B}) \cdot \frac{\partial \boldsymbol{u}_t}{\partial \phi}$$

$$(3-20)$$

式中, ψ_1 和 ψ_2 为系绳摆角; ψ_3 和 ψ_4 的极性分别与俯仰和滚转自由度广义力做功功率的极性相同; E_m 为动生电动势（指向载荷方向为正）。

电流开断离轨控制律设计为：当满足以下两个条件之一时,电流开;其他情况下,电流关闭。

$$\psi_1 \leqslant \tilde{\theta}, \quad \psi_2 \leqslant \tilde{\phi} \tag{3-21a}$$

$$\psi_3 \leqslant 0, \quad \psi_4 \leqslant 0 \tag{3-21b}$$

其中,条件式 3-21(a) 中 $\tilde{\theta}$ 和 $\tilde{\phi}$ 分别为面内偏角和面外偏角阈值;条件式 3-21(b) 则要求当俯仰或滚转角超出设定阈值时,俯仰和滚转自由度广义力在相应自由度上均做负功。

4. 典型电动力绳离轨案例仿真分析

1) 典型运载火箭末级离轨任务模式和总体参数分析

经研究分析,我国目前主要火箭末级需考虑采取离轨措施的火箭末级轨道及质量特性如表 3-2 所示。

表 3-2　我国主要火箭末级情况(需考虑采取离轨措施)[17]

型　号	种类	轨道倾角 /(°)	轨道高度 /km	级长/m	直径/m	质量/t	备　注
CZ-2 系列	1	98	700	11.2	3.35	4	近圆轨道
CZ-4 系列	3	99	850	5	2.9	1.8	近圆轨道

通过研究表明,我国目前应用的典型火箭末级很难满足 25 年衰减的国际要求。考虑对这两种类型的火箭末级采用直接制动离轨方式,需要末级提供的速度增量及燃料消耗如表 3-3 所示。

表 3-3　我国主要火箭末级直接离轨能力需求分析

型　号	速度增量/(m/s)	燃料消耗/%	备　注
CZ-2 系列	153	5.1	末级比冲取 2 922 m/s
CZ-4 系列	191	6.3	末级比冲取 2 942 m/s

对于 CZ-2 及 CZ-4 系列火箭末级情况,若采用主动离轨,需要的速度增量较大,意味着要额外消耗较多的燃料,因此适用于电动力绳系离轨方式,该系列火箭的总体参数相近,以 CZ-2C 为典型案例开展研究。

根据离轨要求,以 SSO CZ-2C 为离轨目标,轨道倾角为 98°、质量为 4 t、级长为 11.2 m、直径为 3.35 m 的火箭末级需要实现利用电动力绳系完成离轨(从轨道高度 700 km 降轨至 200 km)[18]。

考虑到火箭末级离轨系统要做到系统尽量简单,以降低设计的复杂度和减小系统开销。因此,在满足任务指标要求的情况下,控制策略采用简单易行的方式。

基于电动力绳的火箭末级离轨系统由火箭末级离轨模块、电动力绳系组成,其中电动力绳系包括释放展开装置、导电绳系、绳系控制单元、电荷发射装置等部分，电动力绳离轨系统工作原理如图 3-13 所示。

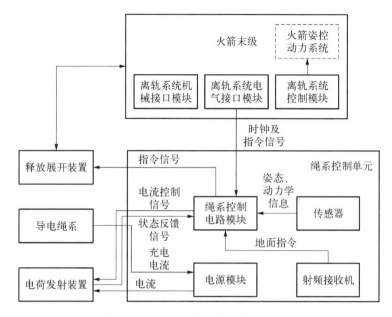

图 3-13　电动力绳离轨系统工作原理

电动力绳系离轨系统采用裸绳系技术和空心阴极技术实现高效电荷交换，绳长 5 km，设置空心阴极发射电流为 1 A，末端载荷质量不超过 40 kg。电动力绳离轨任务的整个工作过程可划分为以下阶段。

（1）休眠阶段。覆盖从运载火箭发射到任务结束阶段，在这一阶段，电动力绳离轨系统都处于休眠状态，只是由计时电路定期唤醒系统并检测火箭末级的状态。为了防止系统被提前激活，采用冗余的方法对状态进行多重观测，系统还会接收来自地面的激活信号。

（2）初始化阶段。火箭末级任务结束后，正式进行离轨操作之前，系统接收到激活信号后，进行电动系绳离轨装置各部件的初始化。

（3）释放展开阶段。当绳系控制单元接收到激活指令时，将触发释放机构及弹射系统以一定的初速度将系绳弹射出火箭末级，此时火箭末级姿控系统开始工作，保证弹射的姿态方向。另外，由绳系控制单元进行控制率解算，保证系绳伸展，直至结束。

（4）组合体离轨阶段。在系绳的伸展过程中，空心阴极呈关闭状态，不进行电荷发射；一旦系绳完全伸展，控制空心阴极开始工作，使系绳电流缓慢增加，作用于系绳的电动阻力也随之逐渐增大。系统会利用从传感器获得的信息来进行电流的反馈控制，用来控制由于等离子体密度和磁场变化而逐渐变大的系绳振动。在组合体离轨阶段,系统只利用自身产生的电能,并能通过地面遥控调节下降速度,防止与已知轨道的其他航天器发生碰撞。

（5）再入阶段。任务的最后一个运行阶段,在绳系系统的轨道下降到 200 km 高度时,大气阻力逐渐开始对运动轨迹起主要作用。

2）典型运载火箭末级离轨任务仿真分析

以某型火箭末级执行 700 km SSO 任务后离轨作为仿真案例,在一年内完成离轨（远地点到达 200 km 以内）,火箭末级参数设置为质量 4 000 kg、长度 11 m、直径 3.35 m,分析绳系释放前稳定阶段、绳系弹射释放阶段及电动力辅助离轨阶段的动力学建模与控制过程。

（1）绳系释放前稳定阶段。

火箭末级初始轨道根数如表 3-4 所示,仿真时间取为 300 s。

表 3-4　火箭末级初始轨道根数

轨道根数	轨道高度	偏心率	轨道倾角	近地点幅角	升交点赤径	真近点角
数值	700 km	0	98°	0°	0°	0°

设置初始时刻火箭末级的相对姿态角和初始相对角速度如下:

$$\gamma = 80°, \quad \psi = 80°, \quad \varphi = 80°, \quad \omega_1 = \begin{bmatrix} 5°/s & 5°/s & 5°/s \end{bmatrix}^T$$

图 3-14 和图 3-15 给出了绳系释放前的仿真结果。通过仿真可以看出,在弹射前添加姿控系统后,尽管初始条件较为苛刻,但是在姿控系统作用下,火箭末级能够达到姿态角偏差不超过 3°,稳态姿态角速率偏差不超过 0.1°/s,能够满足弹射释放段无姿控需求。

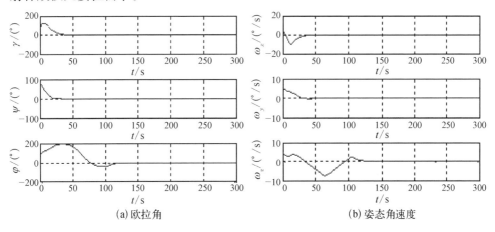

(a) 欧拉角　　　　　　　　(b) 姿态角速度

图 3-14　火箭末级姿态变化曲线

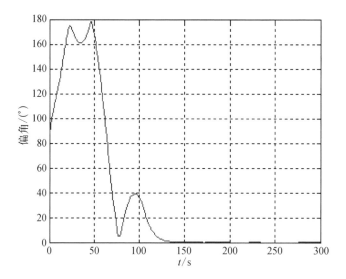

图 3 - 15   火箭末级本体纵轴与当地垂线偏角变化曲线

（2）绳系弹射释放阶段。

假定系绳全长为 15 km，刚度为 $EA = 10^5 \text{ N}$，阻尼耗散因数 $\alpha_d = 0.05$，载荷质量为 40 kg。初始弹射速度为 1 m/s，弹射方向斜向前的角度设置为 $\dfrac{\pi}{8}$ rad（将轨道坐标系绕 z 轴旋转 $\dfrac{\pi}{8}$ rad，所得新的 x 方向）。取系绳离散单元总数为 15，结束时刻绳长 $s_f = 15\,000$ m，Kissel 控制律作用时间 $t_f = 50\,000$ s。

假设系绳释放点位于火箭末级端部中心，并针对初始时刻火箭末级纵轴与本地垂线位置不同偏离情况及不同初始相对角速度，可得

$$\lambda_0 = \begin{bmatrix} \cos \dfrac{\theta}{2} & 0 & 0 & \sin \dfrac{\theta}{2} \end{bmatrix}^{\mathrm{T}}, \quad \bar{\omega}_0 = \omega - \omega_r \tag{3-22}$$

根据绳系释放前火箭末级的姿控精度，考虑裕量，设置姿态初值如下：

$$\theta = 5°, \quad \omega = \begin{bmatrix} 0.1°/\text{s} & 0.1°/\text{s} & 0.1°/\text{s} \end{bmatrix}^{\mathrm{T}}$$

图 3 - 16~图 3 - 18 给出了释放过程（弹射阶段和主动释放阶段）中火箭末级姿态变化及末端载荷在轨道面内的变化情况。通过仿真可以看出，绳系在释放过程中，火箭末级最大翻滚角并未超过 70°，不会影响绳系释放；而绳系在 Kissel 控制律的作用下，能够稳定展开至全长。

（3）电动力辅助离轨阶段。控制方案中，开断控制律中的摆角阈值均取为 15°。同时，仿真考虑两种情形：裸系绳和绝缘系绳。

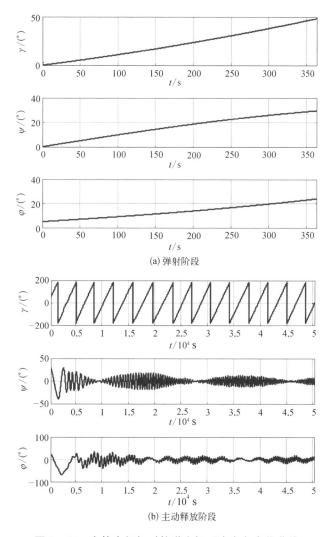

(a) 弹射阶段

(b) 主动释放阶段

图 3 - 16　火箭末级相对轨道坐标系姿态角变化曲线

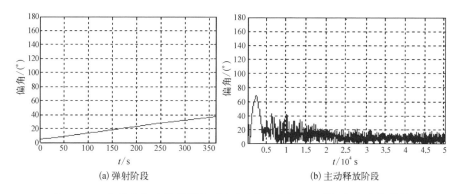

(a) 弹射阶段　　　　　　　　　　(b) 主动释放阶段

图 3 - 17　火箭末级本体纵轴与地心径(轨道坐标系 x 轴)偏角变化曲线

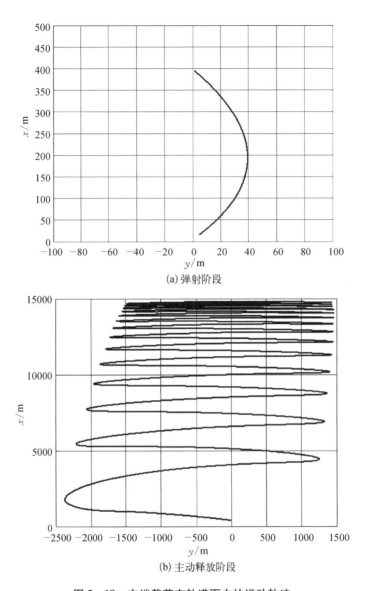

(a) 弹射阶段

(b) 主动释放阶段

图 3 - 18　末端载荷在轨道面内的运动轨迹

① 裸系绳情形。考虑采用裸系绳,最大电流设定为 1 A,其他初始条件均取为

$$a = R_e + 700 \text{ km}, \quad e = 0°, \quad \Omega = 0°, \quad \overline{w} = 0°, \quad \nu = 0°, \quad i = 98°$$
$$\theta = 0°, \quad \phi = 0°, \quad \theta' = 0 \text{ rad/s}, \quad \phi' = 0 \text{ rad/s} \qquad (3-23)$$

在前述电流开断控制律作用下,得到的仿真结果如图 3 - 19~图 3 - 21 所示,图中给出了离轨过程中系统近地点高度、绳系摆角(俯仰角、滚转角)、绳系平均电

流的时间变化历程,其曲线数据点采集间隔为一天(86 400 s)。简便起见,图中的近地点高度取系统轨道半径与地球赤道半径之差。通过仿真可以看出,在电动力作用下,火箭末级的轨道高度在约 364 天时降到了 200 km 以内,同时,绳系的摆角均控制在 25°以内,系统能够保持姿态稳定。

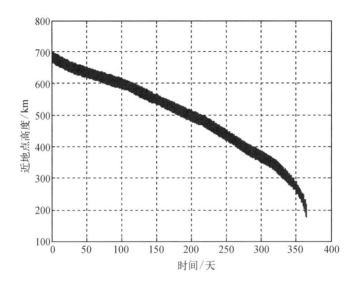

图 3-19　近地点高度变化曲线(裸系绳情形)

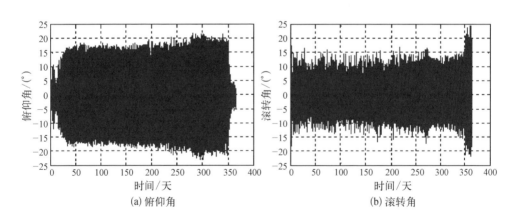

(a) 俯仰角　　　　　　　　　　　　　(b) 滚转角

图 3-20　绳系摆角变化曲线(裸系绳情形)

　② 绝缘系绳情形。考虑采用绝缘系绳,最大电流设定为 0.5 A,其他初始条件均取为

$$a = R_e + 700 \text{ km}, \quad e = 0°, \quad \Omega = 0°, \quad \bar{w} = 0°, \quad \nu = 0°, \quad i = 98°$$
$$\theta = 0°, \quad \phi = 0°, \quad \theta' = 0 \text{ rad/s}, \quad \phi' = 0 \text{ rad/s} \qquad (3-24)$$

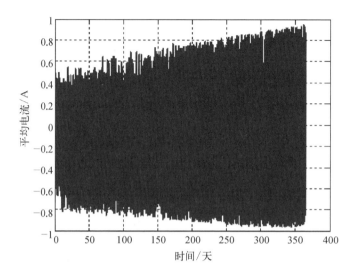

图 3 - 21　绳系平均电流度变化曲线(裸系绳情形)

　　在前述电流开断控制律作用下得到的仿真结果如图 3 - 22 和图 3 - 23 所示,图中分别给出了离轨过程中系统近地点高度、绳系摆角(俯仰角、滚转角)的时间变化历程,其曲线数据点采集间隔为 1 天(86 400 s)。通过仿真可以看出,在电动力作用下,火箭末级的轨道高度在约 258 天时降到了 200 km 以内。同时,面内绳系摆角能够控制在 10°以内,面外绳系摆角能够控制在 30°以内,系统能够保持姿态稳定。

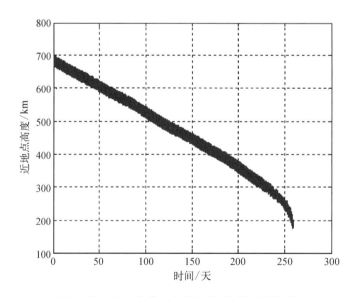

图 3 - 22　近地点高度变化曲线(绝缘系绳情形)

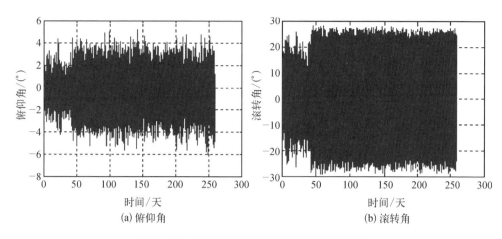

图 3-23 绳系摆角变化曲线(绝缘系绳情形)

3)典型运载火箭末级离轨任务效能分析

对于采样电动力绳系离轨的系统,影响其离轨的时间因素除轨道高度、轨道倾角、电动力绳长度之外,还有系统质量等其他因素。不计绳系系统的姿态变化,火箭末级质量参数与几何参数按 CZ-2C 火箭作为标称值,标称值基本参数如表 3-5 所示。同时,考虑地球引力摄动及大气阻力,采用刚性杆系绳模型对离轨过程进行分析,假设系统构型始终沿轨道径向保持稳定,对绳系离轨过程进行性能指标分析[18]。

表 3-5 标称值基本参数

系 统 参 数	取 值
载荷质量/t	0.04
轨道高度/km	700
轨道倾角/(°)	0
系绳长度/km	5

图 3-24 中各分图分别描述了系统轨道近地点高度、轨道偏心率、电子密度、动生电动势、阴极电流及系绳平均电流随时间的变化情况。不难看出,此时系统的离轨耗时约为 145 天,轨道偏心率几乎没有变化,电子密度保持在 10^{11} 量级,动生电动势在 700~1 200 V 范围内变化,阴极电流即系绳最大电流达到 4.5 A,系绳平均电流随着离轨过程的进行由 0.5 A 增大到 3 A。

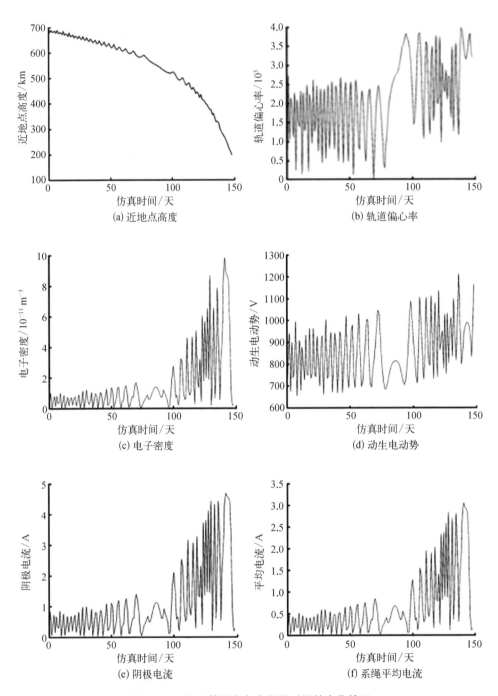

图 3-24　标称算例中各参数随时间的变化情况

以 CZ - 2C 火箭末级为对象,采用不同的绳系长度情况下,针对不同绳长参数,分别仿真计算离轨时间效能,得到各种工况下的离轨时间,如图 3 - 25 所示。

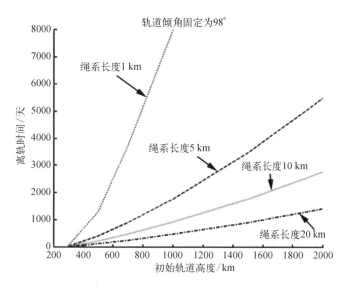

图 3 - 25　多组绳系长度工况下离轨时间与初始轨道高度的关系曲线

由图 3 - 25 可以看出,假定 CZ - 2C 火箭末级为离轨对象,绳系长度设计为 5 km,即可实现 700 km SSO CZ - 2C 火箭末级在 3 年内离轨。

给定火箭末级,对于不同的离轨时间要求,电动力绳的适应范围也会有所不同,在离轨时间要求分别为 25 年及 5 年这两种情况下,绳系长度为 5 km 时,通过仿真计算,得到电动力绳的适应范围如图 3 - 26 所示。

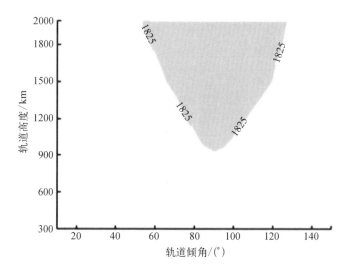

图 3 - 26　5 km 电动力绳的适应范围

由图 3-26 可以看出,如果以 5 年为时间限制要求,则 5 km 绳系的适应范围为图中所示线条以下部分,覆盖高度为 300～2 000 km、倾角为 60°的大部分轨道;当轨道倾角为 98°时,覆盖高度 900 km 以下的轨道。

3.1.3 增阻离轨技术

1. 概念内涵

增阻离轨技术是一种被动离轨技术,主要技术途径是通过应用大型展开结构,增大飞行器所受的稀薄气体阻力,以被动的方式加速改变飞行器的轨道,使飞行器降低到一定的高度,最终落入稠密大气烧毁。增阻离轨技术可以应用于空间碎片集中的近地轨道区域的碎片减缓,对于轨道高度小于一定高度的任务后的航天器,通过增阻离轨技术可以直接完成离轨,满足空间碎片减缓的要求。对于轨道高度较高的航天器,可以采用主被动相结合的方式进行离轨,从而减少推进剂的用量。

相比主动离轨,被动离轨具有以下优点: ① 在被动离轨过程中,很少或不需要对飞行器姿态进行控制,因而实际操作过程简单;② 被动离轨过程中不消耗飞行器上所携带的推进剂,降低了飞行器离轨的成本;③ 离轨设备可以折叠起来放在特定储存容器内,在飞行器完成任务后打开,可以减小系统的体积;④ 同样的离轨效果,被动离轨装置的质量远小于主动离轨推进剂的消耗量,从而减小了离轨飞行器的质量。对于那些在寿命末期,推进剂即将耗尽的飞行器,被动离轨方式更为经济可行。

2. 研究现状

1) 美国"轻型轨道降低设备"

2010 年,美国阿尔塔德纳全球航空航天集团工程师在"加拿大多伦多航天动力专家会议"上提出,通过加装一个廉价的折叠式气球,失效卫星就会快速返回地球,不会形成太空垃圾。

他们研制的这种装置称为"轻型轨道降低设备",实际上是安装在卫星上的一个折叠气球,一旦卫星到了寿命末期,气球内便会充满氦气或其他气体,当气球与地球的大气层外稀薄的大气接触时就形成额外的阻力,降低卫星速度,从而缩小卫星轨道半径,使其坠入大气层。一个直径为 37 m 的气球只需要一年的时间,就能把质量为 1 200 kg 的卫星从 830 km 的轨道上拉下来,使其坠入大气层。若不使用气球,需要几百年才能完成坠入。需要充气的气球和设备只会给卫星增加 36 kg 的质量,比使卫星脱轨而增加的燃料质量小得多。专家们表示,气球将成为加速任务后航天器离轨的经济方法。

这种方法的一个缺点是气球膨胀时会使卫星变大,增加了与其他卫星相撞的风险。研究人员称,对比失效卫星在轨几十年或更久带来的风险,这种风险相当微小。

2）美国"AeroCube - 3"技术试验卫星

2009 年 5 月 19 日，美国宇航公司(the Aerospace Corporation)的"AeroCube - 3"技术试验卫星成功搭载米诺陶-1 火箭从沃洛普斯岛发射升空，开展空间飞行演示验证。任务第一阶段，这颗卫星系留在火箭上面级上，用于开展不同长度绳系的动力学研究。任务第二阶段，卫星脱离上面级自由飞行并进行地球观测。任务完成后，卫星通过一个气球系统膨胀离轨，从而缩短轨道寿命。

3）欧洲"风帆"项目

2009 年，欧洲航天公司阿斯特里姆(Astrium)公司的桑特尔和马克斯·科菲开始研究"创新性脱离轨道大气制动系统"(Innovative Deorbiting Aerobrake System, IDEAS)[19]，如图 3 - 27 所示，其思路是给卫星和用过的火箭装上"风帆"，当航天器完成任务后，打开"风帆"，通过增加系统的阻力，从而增大轨道物体的表面积与质量之间的比率，使其以往更快的速度进入大气层燃烧掉。对于那些在生命末期，推进剂即将耗尽的卫星，这种方法较为适用。

图 3 - 27　IDEAS 构型图[19]

"风帆"的具体设计包括扩大飞船帆的下桁和金属薄板，增加其在 750 km 高空中承受的阻力。要达到这个设计目的，必须展开一个非常轻的结构，桑特尔等拟选用"蛛丝结构"，其由非常稳定的下桁和非常薄的膜组成。

4）英国"StrathSat"项目

2012 年，英国思克莱德大学开展"StrathSat"项目研究，针对用于卫星离轨的大型轻质展开离轨装置进行设计，并于 2013 年采用 REXUS13 探空火箭开展该项目的演示验证[20]，如图 3 - 28 所示。

5）我国"潇湘一号"03 星离轨帆

2019 年 1 月，长沙天仪空间科技研究院有限公司自研的"潇湘一号"03 星发射入轨，这颗六单元立方星上采用两级支撑杆和铝箔帆组成了离轨帆，折叠在太阳翼底板下部，释放时熔断拉线，通过扭簧展开。离轨帆结构总质量为 0.2 kg，展开后总投影面积为 0.74 m²。2019 年 4 月，"潇湘一号"03 星展开离轨帆，在磁控自旋模式下工作，取 2019 年 4 月 30 日和 2019 年 9 月 30 日的轨道进行分析，与无离轨帆相比，卫星打开离轨帆后，离轨时间由 16 年缩短为 6 年。

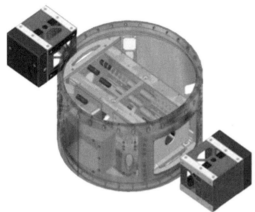

图 3-28　"StrathSat"离轨装置示意图[20]

6）我国"北理工 1 号"卫星

"北理工 1 号"是由北京理工大学牵头研制的一颗技术验证卫星,于 2019 年 7 月 25 日发射升空,成功验证了在太空展开球形太阳帆的技术。该卫星主结构是一个充气的球体,其表面是新材料的薄膜太阳帆,并配有柔性电池阵、柔性电缆等设备,卫星入轨后通过充气展开薄膜太阳帆,膨胀为一个球体。"北理工 1 号"卫星轨道高度为 300 km,在不展开薄膜太阳帆的情况下,其预计在轨寿命为 25~30 天,展开薄膜太阳帆后的预计寿命为 7~14 天。

7）我国"离轨帆技术试验验证星"

2019 年 9 月 12 日,由上海宇航系统工程研究所研制的"离轨帆技术试验验证星"发射入轨,9 月 18 日离轨帆成功在轨展开。通过对每轨测量的全球卫星导航系统定位数据进行分析,离轨帆展开后,气动阻力系数不断增大,卫星轨道高度在 5 天内下降了 1 km。

3. 关键技术

增阻离轨技术目前主要采用充气结构作为大型展开结构,研究主要关注充气结构的"两个状态、一个过程",即充气结构的展开前状态、展开过程和展开后状态,其涉及的关键技术则主要包括:充气结构的储存与折叠技术、充气结构的气压保持技术、充气展开过程预示技术、充气结构外形设计技术、充气结构自刚化技术。

1）充气结构的储存与折叠技术

如图 3-29 所示,折叠状态的充气结构可以储存在一套封装盒中,并通过锁紧解锁装置进行封装[21]。当接到展开指令时,锁紧解锁装置打开封装盒的口盖,释放充气结构。对于口盖的锁紧和解锁,可采用低冲击爆炸螺栓来实现,而口盖的打开则可以通过扭簧来实现。

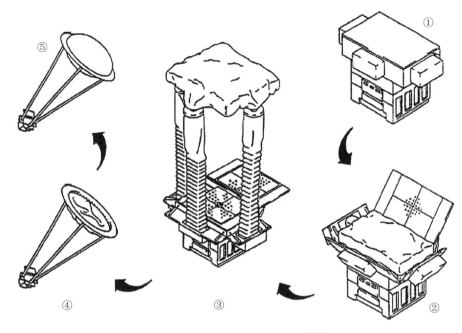

图 3 - 29　充气结构的储存系统[21]

　　对于管状充气结构,其折叠方法主要有 Z 形折叠、卷曲式折叠和喷出式折叠[22,23],如图 3 - 30 所示。

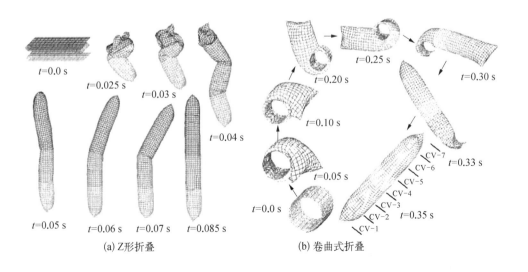

(a) Z形折叠　　　　　　　　(b) 卷曲式折叠

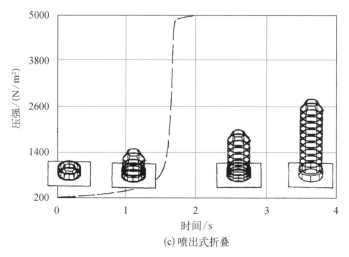

(c) 喷出式折叠

图 3 - 30　管状充气结构折叠方法[22,23]

CV 表示控制体积

对于平面薄膜结构的折叠,国外学者从树叶的展开中受到启发,建立了多个折叠模式,主要包括叶外折叠、叶内折叠、斜叶内折叠、Miura - Ori 折叠等[24],如图 3 - 31 所示。

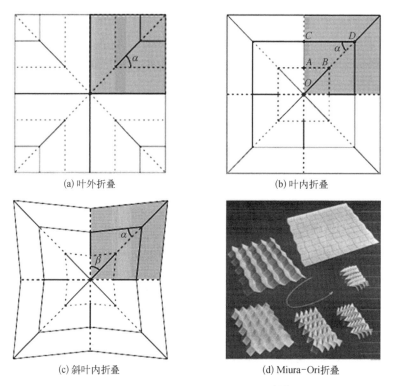

图 3 - 31　平面薄膜结构折叠方式[24]

2）充气结构的气压保持技术

充气结构依赖充入的气体来达到所需的外形及刚度,充气系统的功能就是按照所需的压力、温度和流量来输送气体。按照充气方式,充气系统一般可以分为持续充气系统和充气刚性化系统[25]。持续充气系统会产生不同程度的气体泄漏,在整个任务周期内都需要补充气体,以维持气压并保持充气结构形状;充气刚性化系统则只需在充气结构首次展开过程中充气,刚性化之后不再需要气压就可以维持形状。

图 3-32　ARISE 反射面效果图[25]

持续充气系统的优点在于:在保持足够的内部压力的前提下,充气结构只需要使用极薄的材料就可以维持系统的刚度,节省了结构的体积,同时减小质量。但是,在持续充气系统的实际应用中会遇到相当大的困难,考虑到内部气体的泄漏问题,为了维持气压,在整个寿命期内都需要源源不断的气体供应,所需的气体体积可能会相当大。现有的工程实例表明,完全的持续充气系统实际上只能在像“天地间先进无线电干涉测量”(advanced radio interferometry between space and earth, ARISE)系统这样的高精度反射面上得以应用。ARISE的反射面(图 3-32)直径达 25 m,反射面和透波的防护罩的总体积高达 700 m^3,而且要求较高的精度,因此只有持续充气系统才能满足设计要求。

充气刚性化系统的优点在于:结构充气展开之后,通过采取一定的措施,使结构材料达到工作所需的刚度,并且在内部压力减小之后,仍能维持结构的刚度。这样的结构非常适用于执行长期任务,即使结构被空间碎片或微流星击穿造成漏气,结构的刚度仍然不会受到影响,而且内部气体也不需要重新补充。理想的刚性化系统应具有以下特征:刚化之后具有高模量、高可靠性;具有高柔性,便于高效折叠包装;在室温条件下具有长储存寿命;热稳定性好,热膨胀系数接近于零;能抵御恶劣的空间环境;硬化过程中的非正常变形小。但充气刚性化系统的不足之处在于,该系统在刚性化后不再需要内部压力就可以维持结构的刚度,因此必须使用复合材料才能满足这一要求,结构的质量会增大。

按照工作气体的生成和输送方式,充气系统又可以分为贮箱充气系统、化学反应气体生成系统,以及这两种方式的混合系统。在某些场合,还会用到相变系统,曾经应用于“回声”(Echo)系列充气卫星上的固体升华系统就是一个相变系统的应用实例[26]。

当只需要少量气体的时候,贮箱充气系统就是最好的选择,该系统在空间充气防护罩和“詹姆斯-韦布空间望远镜”展开式太阳防护罩中得到了应用。这种系统的主要缺点在于储存气体所需的压力容器质量较大。对于充气刚性化系统,所需充气气体的质量取决于结构内部的压力、温度和容积,而这又决定了贮箱的容积和质量。对于一个确定的贮箱结构,可以利用理想气体的假设来进行相关计算,因此贮箱的总质量就由整个航天器的内部容积来确定。在给定的任务目标下,使用分子量最小的充气气体就可以得到最小的充气系统质量。然而,对于持续充气系统,并不是气体的分子量越小越好,而是存在一个最优的分子量值,可以使整个贮箱充气系统的质量达到最小值。基于流动连续性原理,所需气体的质量与气体分子量的平方根成正比,但同时,储存这些气体的贮箱质量又与所需气体的分子量有关,因此虽然分子量的减少可以使气体质量减小,但增大了气体的物质的量,从而增加了贮箱的总质量。

化学反应气体生成系统的优点在于只需要使用低压容器来储存作为化学反应成分的液体或固体,而且可以借助于控制化学反应的进程来控制气体产生的量。与贮箱充气系统相比,这一系统的结构复杂性虽有所增大,但是充气系统的总质量明显下降,尤其是相对于大型的持续充气系统,这个优势更加明显。但是,能够选择的充气气体的种类会相应减少。

ARISE 作为一种巨大的持续充气系统,其天线和支撑结构采用的是氦气和液态肼的混合充气系统。这个系统的初始展开采用氦气,接下来利用液态肼的分解来产生气体。ARISE 需要在初始阶段提供气体,供给支柱、支撑环、防护罩和太阳翼,并且要在整个任务期间为防护罩提供气体,以维持反射面的几何形状和表面精度。由于结构的复杂性,在考虑了各种可能的方案后,最终选择了由贮箱充气系统和化学反应气体生成系统组成的混合系统,前者用于初始充气展开,而后者则用于整个寿命期内的气压维持。

3) 充气展开过程预示技术

针对充气结构展开过程预示,主要通过试验测试和数值模拟两种方法来进行研究。由于数值模拟方法及其通用软件不断成熟,采用数值分析方法进行充气展开结构的动态分析成为当前主要的研究方法[27-29],而试验测试多是为了与有限元方法进行对比分析及模型校核[30]。

数值模拟方法可以有效地模拟空间环境,而且能够减少试验所需的时间和费用,因此是一种重要的动态分析方法。大量、有效地使用数值模拟方法,可以减少对试验的依赖性,缩短结构设计和开发的时间。现有通用的有限元程序的不足之处在于只能用于低精度的充气展开结构的分析,这些程序的应用受到几个方面的限制。首先,当结构的单元数划分较多时,在考虑非线性分析的情况下,计算时间较长,计算效率较低。然后,薄膜结构的刚度会受到受力前的微分刚度的影响,通用的有限元软件 NASTRAN 和 ANSYS 还无法自动包括这些微分刚度,所以其分析精度过分依赖于使用者的经验和判断能力。最后,充气薄膜结构的动态分析极其复杂,受到的影响因素很多,如结构弹性、时间变化、微分刚度、大变形、材料非线性、结构和空气压力的相互作用等,综合考虑这些因素实际上已经超过了通用的有限元软件的计算能力。在实际的分析过程中进行了大量的简化和假设,这样就降低了分析的可靠性。

试验研究是充气展开结构动态分析中不可缺少的一个环节,通过试验测试可以校验结构模型的合理性,以及对结构的动态行为进行预报,并可与有限元分析结果进行对比分析,从而校验有限元分析模型的正确性。试验研究进一步的发展应集中在以下两个方面:① 空间环境的有效的模拟;② 进一步提高试验精度,并进一步开发无人干预的自主动态测试系统。

4)充气结构外形设计技术

如何合理地选择充气结构的外形是增阻离轨技术中的关键,需要对任务的具体需求进行分析。折叠时的外形要求体积尽可能小,便于装配和运输,并最大限度地节省发射时有效载荷的空间。而展开后的外形则需要综合考虑气动阻力、稳定性等问题。而作为一种增阻装置,外形设计必须满足减速要求,即要求阻力特性能够保证任务后载荷在预定的时间内坠落至稠密大气并烧毁。

目前研究的充气展开增阻外形主要包括:倒锥形、伞盖形和球形三类,如图3-33所示。这三种外形可以有效增大飞行器的迎风面积,并且展开结构的设计相对简单,因此研究人员主要针对这三种外形开展了大量的研究工作[31]。

通过对三种外形阻力系数进行计算对比,可以得到一些具有参考性的结论:若保持轴线方向与飞行方向一致,则倒锥形外形的阻力系数最大。但由于在轨环境属于失重状态,若要保持倒锥形和伞盖形的外形轴线方向与运动方向一致,需要采取一定的措施进行轨道姿态维持,而球形外形的阻力系数不存在随姿态角变化的情况,因此不需要进行姿态的调整,在设计方面具有一定的优势。若采用较为成熟的被动调姿措施(如重力梯度杆技术),可以使充气展开机构的轴线方向与飞行方向保持一致,在这种情况下采用倒锥形充气展开机构的增阻效果最为理想,且任务末期的飞行器的在轨寿命最短。

5)充气结构自刚化技术

在空间充气展开技术中,将刚化材料定义如下:起始状态为柔软,以便膨胀或展开,受到一定外界影响后变硬的材料。其中,外界影响有几种形式,如热、冷、紫外辐射,甚至膨胀气体本身也可以作为外界影响因素。根据其基本材料的不同特性,刚化材料可分成如下几类:热固性复合材料、热塑性(和轻度交联热固性)复合材料、铝/聚合物层合板。

其中,热固性复合材料的刚化方式包括热固化、紫外固化、泡沫硬化和充气气体反应。热塑性复合材料的刚化方式包括二级相转变、形状记忆聚合物及增塑剂或溶剂挥发体系等。铝/聚合物层合板为薄壁结构,由铝和聚合物膜层合

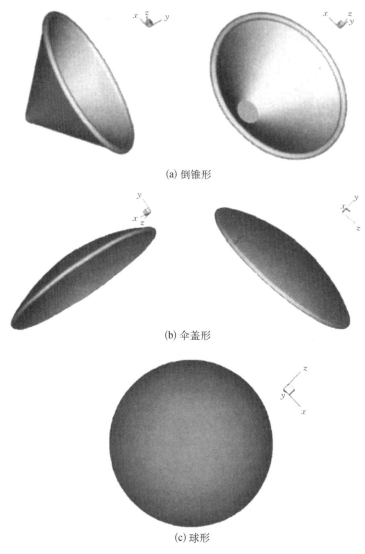

(a) 倒锥形

(b) 伞盖形

(c) 球形

图 3 - 33　充气展开结构增阻外形[31]

而成[32-34]。

（1）热固性复合材料。

① 热固化热固性复合材料及刚化技术。热固化热固性复合材料是一种具有优异的结构特性和设计灵活性的刚化材料,复合材料由浸润过热固性聚合物树脂的纤维增强材料组成,其中基体树脂通过加热能够进行化学固化或交联。根据基体树脂不同,固化过程可以是 1 小时到几小时不等,加热方法有太阳光照加热和预埋加热单元加热。

　　热固化刚化复合材料虽然最近才广泛应用于太空中,但已成为先进的刚化材料之一,早期限制其应用的主要因素是材料储存期有限和基体树脂固化所需能量较高,近几年,材料技术不断进步,促进了这种刚化技术的发展。关于热固化刚化材料的研究始于 20 世纪 60 年代,这些研究是由美国空军牵头,在许多公司的合作下开展的,主要研究的是胺固化环氧树脂,通过太阳能辐射来使树脂固化,但是通过这种方式固化的树脂的储存期较短。

　　20 世纪 90 年代,ILC Dover 公司的工程师们开发了嵌入热阻元件的热固化方法,这种方法通过提供严格的循环加热控制和最优化的热分布控制,明显提高了基体树脂的固化质量并延长了使用寿命。化学改性使基体树脂在室温下的储存寿命延长到两年以上,在低温下的储存寿命达 6 年以上。

　　可刚化热固性复合材料的性能主要由所选择的基体树脂和增强纤维决定,目前常用的增强材料是石墨纤维,但是其他高韧性纤维体系,如 Vectran、Kevlar 和 PBO 纤维等也正处于研究之中。

　　热固性复合薄膜材料最大的优点就是可以通过嵌入加热系统固化树脂,以优化刚化控制过程。层合板的加热是可控、可预测的,因而热应力和扭曲可忽略不计,但是它也具有一些局限性,包括:储存能力差、基体树脂固化所需能量高、刚化过程不可逆,这些缺点将限制系统的地面测试,并使飞行器的设计复杂化。

　　② 紫外固化复合材料及刚化技术。紫外固化复合材料由基体树脂(如环氧或聚酯)和增强纤维组成,由太阳或结构内部能源提供的紫外线能量(通常波长为 250~380 nm)来引发和维持其基体树脂刚化过程。因此,可通过改变材料厚度、光源波长等来赋予结构设计的灵活性。固化时间由所用树脂材料的本身性能、光引发剂和紫外线能量大小等因素共同决定,可以从几分钟到几小时。要求增强体必须对紫外线透明,增强纤维仅限于玻璃纤维与石英纤维,因此复合材料不能表现出高性能纤维(如石墨纤维和 PBO 纤维)增强复合材料所具有的力学性能,但可以通过设计改性(设计编织方法,应用杂化增强材料、光导纤维等)及应用高性能纤维来提高结构性能。

　　大部分紫外光引发固化技术早期研究都是聚酯/玻璃纤维复合材料结构,这些研究主要是美国休斯飞机公司引导,由美国空军赞助的,促进了可充气太阳能收集器和集中器的发展。

　　紫外光引发复合材料的一个优点就是可用从太阳光得到的紫外线能量来固化,因而简化了系统设计。但是,利用太阳能来固化,可能使固化过程难以控制,形成阴影区,从而导致不均匀固化和结构的形状畸变。同时,还要考虑材料热膨胀系数(coefficient of the thermal expansion, CTE)对形状精度的影响和组成结构变硬对加热和软化的影响。

除了用太阳能来固化结构,也可利用内部辐射来优化过程的控制。这样就要求在支撑管外壁使用多层隔热层(multi layer isolation,MLI)来为结构提供热保护,以降低 CTE 的影响和热扭曲。同样,紫外光引发材料是热固性的且不可逆,因而只能实现一次性刚化过程。

③ 充气气体反应式刚化技术。充气气体反应式刚化技术采用充气气体与复合材料发生化学反应来达到刚化目的。在此法方中,结构的外壁是一种浸润了树脂的纤维增强复合材料层合板,充气气体内包含可与树脂基体发生反应的催化剂。充气结构外壁通常采用薄膜进行保护,防止未固化的材料黏结成块,而薄膜内侧必须使气体中的催化剂透过,而且复合材料层合板的厚度也要适中,这样才能保证催化剂与树脂快速、完全反应。

在早期空间充气展开工作中,研究了许多不同的树脂/催化剂和增强纤维复合体系,其中包括水蒸气固化聚氨酯、聚酯;胺或其他气相催化剂固化环氧。早期研究中,所用的增强纤维几乎一直是玻璃纤维。20 世纪 60~70 年代,许多商业和政府机构都进行了相关研究,包括固特异航空公司和休斯飞机公司,这些早期工作集中在应用于太空居住舱、天线、太阳能集中器的展开材料上。

20 世纪 80 年代,Contraves 公司在开发可充气展开反射器、太阳防护罩和制造中使用的可刚化材料方面做了很多细致的工作,并与 Ciba‐Geigy 公司合作,确定、优化和测试了几种备选材料。此方法利用太阳光来加热一种染色结构,通过注入气相催化剂来引发或维持固化反应以加快固化过程,增强纤维使用的是 Kevlar 纤维。最终得到的预浸料在未固化态是柔软的,并且挥发物浓度较低,表现出了良好的抗紫外线能力和热稳定性。

充气气体反应式刚化技术的最大优点是不需要携带能量进行刚化,而且反应物彼此隔离,延长了储存时间,其缺点如下:为保证渗透及树脂与催化剂的反应适当而限制了结构壁的厚度,在一些情况下限制了结构性能;刚化过程控制困难,不均衡刚化会造成应力分布不均,以及结构形状控制困难;未反应气体的泄漏及气体会对飞行器部件产生污染;刚化过程不可逆。

(2)热塑性(和轻度交联热固性)复合材料。

① 二级相转变刚化技术和形状记忆聚合物复合材料。与热固性树脂不同,热塑性树脂中分子链线性排列,彼此之间无交联,分子间通过分子力结合,加热和加压可使其形状改变,冷却后形成新的形状。热塑性树脂的一个最重要的指标就是玻璃化转变温度 T_g,在 T_g 以下,树脂硬化;当温度在 T_g 以上时,树脂表现出弹性行为。二级相变硬化技术便是利用热塑性树脂在 T_g 上下所表现出的不同行为来实现结构硬化。

形状记忆聚合物(shape memory polymer,SMP)是指具有初始形状的聚合物制品经形变固定后,通过加热等外部刺激手段的处理又可使其恢复初始形状的聚合物。热塑性或轻度交联的树脂有时在工程上表现出形状记忆行为,应用该树脂制备的形状记忆聚合物,当加热到 T_g 以上时,就会表现出本身的形状恢复能力,从而恢复成原来的形状。

可充气展开太空结构中使用热塑性复合材料二级相变刚化技术不是一个新的概念,在太空展开系统试验之初,这项技术就引起了人们的极大兴趣,从 20 世纪 60 年代开始,关于此方面的理论和实验室研究一直在进行,但直至现在仍没有实际空间应用,研究停留在实验室阶段。然而,由于二级相变硬化技术具有其他技术不可比拟的优势,其正逐渐成为研究关注的热点。

国外,美国的 ILC Dover 公司和 L'Gard 公司针对此项技术进行了大量的理论探讨和试验研究,已具备比较成型的技术指标和一些较为成功的实验室产品。ILC Dover,L'Gard 及复合材料技术开发(composites technology development, CTD)公司研究了几种热塑性和形状记忆聚合物材料的性能、生产工艺并展开了单元设计、制造和测试了几种柱状桁架结构,这些都是由热塑性材料和 SMP 材料制造的[35,36],如图 3－34 和图 3－35 所示。

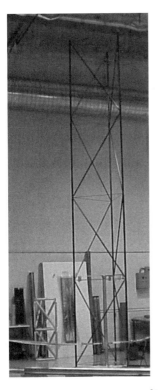

图 3－34　8 m 太阳能帆板桁架[35]　　　　图 3－35　SMP 空间充气展开支架[36]

二级相变硬化技术具有较好的应用前景,与其他技术相比,其具有以下优点:节约能量;硬化过程可逆,可进行多次的地面测试;室温条件下几乎可以无限期存储而无明显的性能降低;固化条件简单;无最大厚度限制;通过对树脂合成工艺条件、参数等进行控制,可以得到具有不同 T_g 的树脂品种;通过结构设计可获得具有近于 0 的 CTE 值;能够实现无缺陷末端连接。

二级相变硬化技术也存在一些不足:材料的应用受到环境温度的限制,只能在 T_g 以上使用,这就需要整个充气展开结构具有优异的保温性能,需要设置多层复合材料保温层,这将使得整个结构的厚度和质量增加。

② 增塑剂或溶剂挥发复合材料刚化技术。增塑剂或溶剂挥发复合材料刚化技术是指在复合材料中添加增塑剂或溶剂,通过增塑剂或溶剂的挥发对展开结构进行刚化。这类复合材料增强材料主要有棉纤维、Kevlar 纤维、玻璃纤维和石墨纤维,基体树脂有凝胶、聚乙烯醇等。这种技术的主要缺点是溶剂的挥发将导致材料体积收缩,表面会出现褶皱,因而不利于制作高精度充气结构。

20 世纪 60 年代,都是针对开发居住舱、空间站和太阳能集中器对此种刚化过程进行大量研究,由美国喷气推进实验室(Jet Propulsion Laboratory, JPL)和 NASA 兰利研究中心领导,许多商业公司,如固特异航空公司、Sheldahl 公司和休斯飞机公司等在材料及结构的开发与测试中起了重要作用。在制造居住舱原型和太阳能集中器结构方面,许多材料达到了最佳状态,其中一些已在热真空环境中通过测试。在 20 世纪 90 年代初期,L'Garde 公司与 JPL 共同发展了凝胶管束结构,制造了复合材料管结构,并测试了应用不同增强纤维的管的性能。

刚化技术在早期就受到了大量关注,原因之一是其工艺可逆。由这些材料制得的结构在固化、测试之后,可以将其置于高湿度环境中或者仅通过简单的浸湿来使它们再次软化,加工简单也是该材料吸引人的原因之一。作为复合材料层压板,其在优化结构质量上有很好的设计灵活性。该材料在软化态时非常柔软,因而便于封装,而且具有良好的柔顺性,可使结构消除褶皱,达到精确的设计形状。

同时,由于此种刚化方式有许多局限,其应用范围较为受限,最明显的是在太空环境中由于漏气引起的大量的质量损失。刚化过程中的显著收缩也是必须考虑的一个主要因素,因为这会对结构形状精确性产生影响,并且使层合板产生应力。固化时,基体的收缩需要纤维保持取向,因为这关系到结构的性能和质量。另一个需考虑的因素就是在封装状态下树脂流动的影响和层合板潜在的干燥区会降低结构的完善性。此外,材料的储存环境(冷冻、干燥、高湿度等),发射前材料的适当准备及其对航天器运行的影响也应加以考虑,以上所有因素都会限制这种刚化方式在大多数充气结构中的应用。

③ 泡沫刚化材料及填充泡沫刚化技术。填充泡沫刚化技术通过填充可固化泡沫对展开结构进行刚化。使用该项技术需要考虑填充的均匀性、可控制性,展开

的可靠性,以及储存时间等问题。填充泡沫本身不仅可以作为结构材料进行刚化,也可作为结构展开所使用的一种填充补强介质。

早期关于填充泡沫刚化技术的研究开始于 20 世纪 60 年代。1965 年,固特异航空公司和休斯飞机公司对太阳能集中器反射镜进行了研究,尝试应用了泡沫刚化技术,这一领域的近期研究主要是由 Thiokol 公司和 NASA 喷气推进实验室进行的。Thiokol 公司正在与美国空军研究实验室合作,开发聚酰亚胺泡沫展开材料和相关技术,以及溶剂溶胀聚酰亚胺和聚苯乙烯体系的挤出。这些体系与紫外固化的外部壳体管状结构相连接后,可用于制造太阳能集中器的支持结构。

泡沫材料一般达不到预期优势的状态,因此在空间充气结构中的应用有限,其优点是可以不用复杂的大质量体系即可提高结构的强度。当在空间结构中应用泡沫材料时,所应考虑的问题包括漏气率、低压下单元结构的塌陷、质量、展开可靠性、材料的均一性和可重复性、储存寿命和刚化周期的持续时间。当选择热固性材料时,还应考虑体系测试的可逆性。

(3) 铝/聚合物层合板刚化技术。

铝/聚合物薄膜由柔软可延展的铝箔和聚合物薄膜通过黏合剂黏结成层合板,这种层合结构常用于制造薄壳结构,如球体或管子。该结构可以折叠成很小的体积,然后通过充气压力展开从而达到预定的形状。充气压力消除了结构壁折叠时产生的褶皱,之后在层合铝的塑性变形范围内继续加压到接近其硬化应力,这样能够稍微提高层合板的结构性能,并永久消除其中的褶皱。在此应力范围内,聚合物薄膜在其弹性范围内。因此,当气体压力消除后,聚合物材料会对铝层产生一个压缩作用,这将导致支撑管的承载能力下降,这种效应可以通过以下方式加以最小化:使用铝比聚合物含量高的结构,或者对铝施加应力,超过其弹性极限。当膨胀过程完成时,结构以一种无推进力的方式排气,得到刚性的薄壁铝结构。

层合铝技术是最成熟的空间可充气/刚化技术。20 世纪 50 年代后期,NASA 兰利研究中心为支持 ECHO Ⅱ 计划而首次开发了铝/聚合物薄膜。直径为 30 m 的球形 ECHO Ⅱ 卫星就是由铝薄膜和聚酯薄膜层合制造的,ECHO Ⅱ 卫星在轨道上运行数年,铝层合体成功地完成了预期任务。在过去二十多年中,L'Garde 公司进行了几项研究项目以表征和改善管状铝/聚合物薄膜的性

图 3-36　层合铝刚化球体

能,其最近的研究项目进一步发展了这项技术,如太阳能队列和 Techsat 21 可展开球体。2000 年,在 L'Garde 公司的光学标定球(optical calibration sphere)飞行中使用了层合铝体系[37],如图 3 - 36 所示。

铝层合板刚化体系比其他的复合材料刚化技术具有明显的优势,此刚化体系的展开不需要特殊的热环境,无论在冷或热环境下都能固化。另外,该体系展开不需要额外的能量,只需要刚化必需的内部压力。该体系不需要 MLI 来进行热控制,没有气体渗漏,储存期长,同时能够有效抵抗空间环境(如原子氧和辐射的损害)。该刚化技术的优势是可测试性,也就是说,刚化单元在飞行前可进行多次地面测试。

铝层合板刚化体系潜在的限制因素是层合板中的厚度限制,因此性能设计能力是有限的。层合结构自身在封装时易形成褶皱式的缺陷,造成结构变形。层合结构在折叠时也易产生针眼形孔洞,造成气体喷出,改变航天器的方向。

3.2 离轨轨道设计

3.2.1 离轨轨道设计概述

离轨主要是航天器完成主任务后,使用剩余推进剂使航天器变轨离开原来工作轨道,避免影响其他当前或未来在工作轨道运行的航天器。

通常采用推力离轨方式,也就是采用航天器上自带的各种推力器,迫使航天器主动离轨,这种方法的特点是作用效果明显、离轨时间短、燃耗较大、成本高。例如,由于无法在大气层内完全烧蚀,和平号空间站任务末期离轨任务采取了主动离轨方式再入南太平洋无人区,避免伤害到地球表面的人类。

采用推力离轨方法不仅需要耗费较多燃料,而且对于控制精度的要求较高,若只有推力但无精确控制的能力,则离轨效果不佳。

GB/T 34513—2017 给出了地球空间保护区的规定,包括 LEO 保护区和 GEO 保护区,如图 3 - 37 所示。针对不同轨道研究离轨策略及实现方法,对于 LEO 任务,通常降低轨道使其轨道寿命限制在若干年以内,综合考虑燃料消耗及大气层的影响,LEO 主动离轨不采用降低到更低圆轨道的方式,而是采用一次机动减速,使得近地点高度在大气层内;对于 GEO 和 MEO 任务,通常抬高或降低轨道,进入坟墓轨道离轨。

(1)对于 LEO,航天器运行至远地点时,发动机一次开机减速,降低航天器轨道近地点高度,使其进入大气层,在大气持续作用下完成离轨,实现缩短航天器轨道寿命的目标;在降低轨道的同时,耗尽主推进剂、姿控推进剂和增压气体,减小产生潜在空间碎片的概率。

(2)对于 MEO,航天器分别在近地点和远地点时发动机两次开机,抬高航天器,使其轨道高度不小于 300 km,完成离轨;同时,耗尽主推进剂、姿控推进剂和增

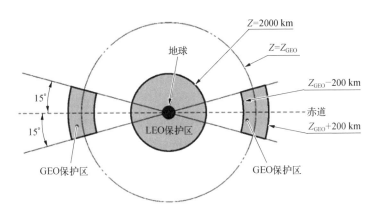

图 3-37　地球空间保护区示意图

压气体,减小产生潜在空间碎片的概率。

（3）对于 GEO,航天器分别在近地点和远地点时发动机两次开机,抬高航天器轨道高度,进入坟墓轨道;同时,耗尽主推进剂、姿控推进剂和增压气体,减小产生潜在空间碎片的概率。

不同轨道的离轨方案示意图见图 3-38,各轨道离轨策略见表 3-6。

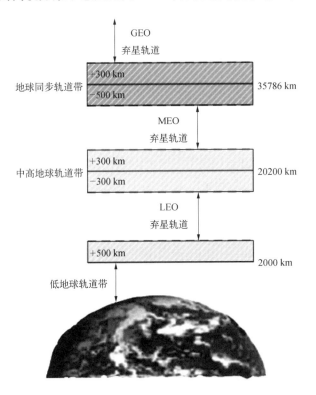

图 3-38　各轨道离轨方案示意图

表 3 - 6　各轨道离轨策略

轨道	轨道高度/km	离 轨 方 式	速度增量需求/(m/s)
LEO	1 000	远地点减速降低近地点高度至 350 km	172
MEO	20 200	霍曼二次机动,进入坟墓轨道(抬高 300 km)	22
GEO	36 000	霍曼二次机动,进入坟墓轨道(抬高 300 km)	11

3.2.2　上面级离轨轨道设计及远场安全分析

本节以某上面级发射某 MEO 卫星任务,对上面级离轨方案进行分析,根据远场分析过程中需考虑的偏差因素开展上面级离轨轨道设计,考虑各种偏差因素进行上面级离轨远场安全性分析,并对离轨过程中弹道测量情况进行分析计算,旨在说明所采取的离轨方案是有效的,满足抬高航天器轨道高度不小于 300 km[38]。

1. 上面级离轨初步方案

某上面级经多次变轨将卫星送入目标轨道,此后该上面级主发动机不具备再次点火能力,只能通过剩余推进剂排放惰性燃烧产生的推力进行离轨。为了将轨道抬高一定高度并满足离轨过程的测控约束,离轨前上面级需将姿态调整到一定的角度。离轨前调姿后,为便于进行推进剂排放,需对推进剂进行沉底操作。推进剂沉底后,便可进行推进剂排放,使其惰性燃烧产生离轨推力,从而将上面级离轨。

与卫星分离后,为避免姿控发动机点火及推进剂排放对卫星产生污染,上面级首先进行 100 s 的无动力滑行,在确保与卫星之间有足够的相对距离后,上面级进行 80 s 的离轨前姿态调整,满足离轨方向及测控约束;然后上面级进行 60 s 的小推力沉底,满足推进剂排放要求;最后进行推进剂排放,抬高轨道高度离轨,燃烧剂或氧化剂排放完成后,离轨结束。

2. 远场分析考虑的误差因素

在进行上面级与卫星分离远场安全性分析中,需考虑的误差因素主要包括以下几方面:

(1) 分离速度偏差;

(2) 上面级箭体质量偏差;

(3) 推进剂排放推力偏差;

(4) 推进剂排放俯仰、偏航方向角度偏差;

(5) 分离俯仰、偏航程序角偏差。

对上述误差因素进行不同的组合,计算具有代表性的偏差弹道,用于分析分离后卫星与上面级之间的最小与最大相对距离,标准相对距离计算中不考虑任何偏差。

3. 离轨轨道设计

卫星分离时刻,上面级吻切根数如下:飞行时间 $t^* = 12\,825.360\,0$ s、半长轴 $a = 31\,441.104$ km、近地点高度 $H_p = 24\,125.596$ km、远地点高度 $H_a = 26\,000.332$ km。

离轨事件如下:① 卫星分离,上面级开始滑行;② 滑行结束,开始离轨前调姿;③ 调姿结束,开始小推力沉底;④ 沉底结束,开始排放离轨;⑤ 离轨结束,开始滑行。

离轨结束时刻,上面级吻切根数如下:飞行时间 $t^* = 13\,403.819\,7$ s、半长轴 $a = 33\,466.853$ km、近地点高度 $H_p = 24\,754.590$ km、远地点高度 $H_a = 29\,422.836$ km。

从离轨轨道设计结果来看,离轨结束时刻,上面级近地点高度抬高了约630 km,远地点高度抬高了约 3 400 km,满足卫星对上面级离轨轨道高度抬高大于300 km 的要求。

4. 远场安全性分析

卫星切向分离速度沿上面级箭体系+Z_1 轴方向。卫星与上面级分离后的较短时间(至分离后 280 s)及较长时间(至分离后约 2 个卫星轨道周期)内,上面级与卫星之间的相对距离变化见图 3-39,图中给出了上面级与卫星之间的标准相对距离、考虑偏差的最大相对距离和最小相对距离随时间的变化关系。在卫星与上面级分离后的较长时间(至分离后约 2 个卫星轨道周期)内,相对距离(理论值及偏差值)逐渐增大。根据上述分析,在卫星分离后约 2 个轨道周期的时间段内,卫星是安全的,不会与上面级发生碰撞。

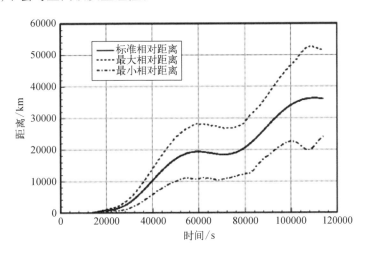

图 3-39　上面级与卫星之间距离随时间的变化

5. 离轨段弹道测量情况分析

离轨过程弹道测量仰角变化见图 3-40,从图中可见,从卫星分离至分离后约5 500 s,地面测量站对上面级测量的仰角大于 5°。

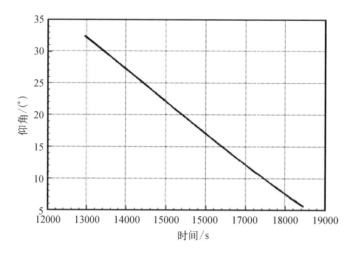

图 3 - 40　弹道测量仰角变化情况

离轨过程弹道测量火焰夹角的变化情况见图 3 - 41,从图中可见,从卫星分离至分离后约 2 500 s,测量火焰夹角满足约束条件,图中斜率较大的变化区间对应离轨前调姿段。

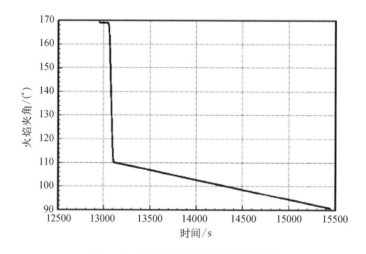

图 3 - 41　弹道测量火焰夹角变化情况

综合考虑离轨后弹道测量仰角及火焰夹角变化情况,上面级离轨可测区间为从卫星分离至分离后约 2 500 s。

6. 小结

针对上面级发射某卫星任务,本节首先对上面级离轨方案进行了分析,然后明确了远场分析过程中需考虑的偏差因素及其组合方式。结合上面级离轨轨道设计,考虑各种偏差因素进行了上面级离轨远场安全性分析,并对离轨过程中的弹道测量情况进行了分析计算。计算结果表明,上面级采用剩余推进剂惰性燃烧这种方式进行离轨操作,能够显著抬高轨道近地点高度和远地点高度。通过对离轨过程中上面级与卫星之间的相对距离进行分析,考虑各种偏差,离轨段的最小相对距离能够保证卫星的安全。此后,卫星与上面级之间的相对距离呈周期性增大趋势,卫星是安全的,所采取的离轨方案是有效的。

3.2.3　基于离轨装置的近地轨道离轨分析

薄膜结构增阻离轨技术是利用薄膜结构大展收比的特点,设计收拢状态小巧的离轨装置,安装在卫星外壁板上,在卫星寿命结束后启动,展开大面积薄膜结构,利用低轨稀薄大气阻力大幅加速卫星轨道衰减,最终使其进入大气层烧毁。空间增阻薄膜结构技术成本低、技术成熟度高,对于不同规格的低轨道类航天器具有很好的适用性,是最易于推广应用的空间碎片移除技术[39]。

文献[39]给出了通过设计不同尺寸规格的薄膜帆式离轨装置所对应的离轨效率分析,达到的离轨效果不同。以 5 m×5 m(25 m²)薄膜帆为例,初步计算了不同轨道高度和质量的航天器的离轨时间,如表 3-7 所示。

表 3-7　25 m² 帆面的离轨效率分析

轨道高度/km	航天器质量/kg	原离轨时间/年	薄膜帆离轨时间/年
600	50	6.2	0.25
	100	6.2	0.5
	200	6.2	1
	500	6.2	2.5
800	50	85	3.4
	100	85	6.8
	200	85	13.4
	500	85	34
1 000	50	>500	20
	100	>500	40
	200	>500	80
	500	>500	200

通过计算可以看出：25 m² 帆面可以将离轨时间缩短到轨道自由衰减时间的 5%左右，25 m² 的薄膜帆式离轨装置可用于：① 轨道高度为 1 000 km、质量小于 50 kg 的航天器；② 轨道高度为 800 km、质量小于 200 kg 的航天器；③ 轨道高度为 600 km、质量小于 500 kg 的航天器。

考虑到未来在 LEO 会发射越来越多的小卫星，25 m² 的薄膜帆就可以满足绝大部分小卫星的快速离轨需求。

3.3　钝化处理技术

3.3.1　钝化设计及要求

本节参照 QJ 3221—2005《空间碎片减缓要求》，给出了钝化设计总体要求、防止运载火箭末级在轨解体的设计要求、防止航天器意外爆炸的设计要求及液体主发动机的设计要求。

1. 钝化设计总体要求

（1）空间系统的设计应满足钝化的要求。

（2）应耗尽推进剂贮箱中的燃料，移除高压容器内的残留压力。

（3）当不能耗尽推进剂贮箱中的燃料和移除高压容器内的残留压力时，设计应满足以下条件：① 穿透性撞击不会引起推进剂发生爆炸；② 推进剂不会因贮箱加热而产生放热性分解；③ 不会发生导致自燃的推进剂混合泄漏。贮箱的设计（如爆炸前泄漏设计）和放热设计要使累积压力不超过可能导致贮箱爆炸的压力。

（4）蓄电池在结构上和电气上应正确设计，确保不会发生爆炸解体事故。

（5）安全自毁装置的设计应保证不会因不当的指令、外部加热或射频干扰等引起意外的爆炸。

（6）控制程序的设计应使控制系统的飞轮等贮能器件在飞行任务完成之后停止转动。

（7）对于不能再入的运载火箭末级，应设计相应的系统，在任务完成之后实施有效的钝化操作。

2. 防止运载火箭末级在轨解体的设计要求

（1）为防止废弃的末级解体产生大量空间碎片，在设计上应采取消除可能引起意外爆炸因素的措施。

（2）残留在推进剂贮箱和管路中的剩余推进剂的处理措施包括：① 对采用共底结构的贮箱进行排放处置时应注意保持共底两侧合理的压差，以保证排放过程的安全，在完成必要的离轨机动以后应将剩余推进剂完全排放；② 对于双组元推进剂系统，燃烧剂和氧化剂中至少有一种能完全排放；③ 排放管路应有防冷冻阻塞的设计。若存在因受热使压力升高的可能性,则应增设减压装置,如减压阀等。

（3）高压系统的处理措施包括:① 高压系统应设计有排放流体、降低压力的功能;② 排放管路应有防冷冻阻塞的功能;③ 若不能采用排放方式时,则系统结构应具有足够的安全余量,以保证在预测的受太阳加热时不致破裂;④ 也可增设压力释放装置,如减压阀等。

（4）蓄电池的处理措施包括:① 设计有减压阀,防止内压上升;② 具有切断充电电路的功能,防止蓄电池破裂而导致末级解体。

（5）遥控自毁装置的处理措施包括:① 遥控自毁装置应留有足够的安全余量,以保证在受太阳加热温度上升的情况下不致起爆;② 末级在完成任务以后,应切断遥控自毁装置的点火电路。

3. 防止航天器意外爆炸的设计要求

（1）航天器应具有在完成任务后消除可能引起意外碎裂或爆炸的能源的功能,在设计过程中要满足钝化要求。

（2）航天器在完成任务和处置机动以后,应将剩余的推进剂和增压剂耗尽或排空。若不能排空,应增设减压装置,避免在预测的受太阳加热的情况下导致解体。

（3）蓄电池应具有在任务结束时切断充电电路并将剩余电能完全释放的功能。在结构上应安装减压装置,如减压阀等,防止内压升高、蓄电池破裂而导致航天器解体。

（4）压力容器应排放到能确保不会发生解体的程度。采用“安全设计”也可以减少推进和增压系统发生解体的危险。热管的设计应有足够安全余量,避免在任务结束后因受热而破裂。

（5）自毁装置设计应保证不会因不当的指令、热控加热或射频干扰等引起意外的毁坏。

（6）在消除存储的能量过程中,应具有使飞轮等贮能器件停转的功能。

（7）对其他形式的储能进行评估,并采取适当的减缓措施。

4. 液体主发动机的设计要求

（1）液体主发动机工作完毕后,应将可能引起意外爆炸的剩余推进剂耗尽或排空;排放管路应具备防冷冻阻塞的功能;当不能完全排放或耗尽时,应在设计上采取加固措施,防止因热环境变化而引起解体。

（2）应设有为液体主发动机输送推进剂的专用管路,使得在发动机工作完毕后能切断与其他部分的联系,并将管路中的剩余推进剂和其他气体排空。

（3）地球静止轨道航天器的远地点发动机应尽可能设计成工作完毕后不分离。若必须进行分离,则应将其弃置到一条离地球静止轨道更高的弃置轨道上。

无论远地点发动机是否分离,工作完毕后都应立即消除所有可能引起意外爆炸的能源。

3.3.2 剩余推进剂及高压气体排放技术

本节参照 GB/T 32295—2015《运载火箭剩余推进剂排放设计要求》和 GBT 34513—2017《空间碎片减缓要求》,从设计准则、系统组成及其功能、排放方式选择等方面介绍该系统的一般设计要求。

运载火箭的剩余推进剂排放是指运载火箭末级完成既定任务后,安全释放其自身贮箱和管路内剩余推进剂的过程。因此,需要专门设计用于推进剂排放的系统,即剩余推进剂排放系统,该系统是箭上既有系统的延伸。

1. 设计准则

(1) 剩余推进剂排放设计应不影响运载火箭既定飞行任务的可靠性和安全性,或者其风险经评估后应可被接受。

(2) 剩余推进剂排放设计应满足运载火箭末级各分系统的约束要求,对火箭完成既定任务的主要指标无影响。

(3) 剩余推进剂排放设计应确保采用的排放措施有利于空间碎片减缓,并符合 ISO 24113:2023 中避免在轨故意及意外解体的要求。

(4) 剩余推进剂排放设计应确保排放系统简单可靠,优先继承和应用经飞行试验考核的成熟产品和技术成果。

(5) 剩余推进剂排放设计应保证航天器的安全性。

(6) 剩余推进剂排放设计应综合考虑末级火箭任务后轨道处置要求,充分利用剩余推进剂排放的离轨效果。

(7) 剩余推进剂排放设计中应考虑对排放过程的监测和排放效果的评估。排放控制分系统、排放测量分系统应具备较长时间工作能力,以保证控制和监测效果。

2. 系统组成及其功能

剩余推挤剂排放系统一般包括推进剂排放管理分系统、排放执行分系统、排放控制分系统和排放测量分系统。推进剂排放管理执行、控制、测量等功能应在充分利用各系统已有产品基础上,通过适应性修改实现。

(1) 推进剂排放管理分系统。用于剩余推进剂排放过程的管理,系统构成应根据贮箱结构和增压输送方式确定,一般由安装在火箭末级的液体辅助发动机或小固体火箭发动机组成。

(2) 排放执行分系统。用于执行剩余推进剂排放的发动机、管路、阀门及附件构成的系统,将剩余推进剂安全排出箭体。

(3) 排放控制分系统。用于剩余推进剂排放过程中发出相应控制指令、对末级箭体进行姿态控制的系统。

（4）排放测量分系统。用于排放过程中对贮箱剩余推进剂状态或排放管路液体状态进行监测和为进行排放效果评估而设置的数据采集系统。

3. 排放方式选择

应综合考虑运载火箭末级采用的推进剂性质、发动机形式、总体布局方案等因素，按照设计准则选择剩余推进剂排放方式，可选择的常用排放方式建议按下述优先次序选用。

（1）通过末级发动机额定工况工作排放。发动机再次点火用于排放，点火启动后处于额定工况，直至其中任意一种剩余推进剂在燃烧室燃烧耗尽，之后继续保持推进剂阀门打开，使贮箱压力进一步降低到安全的压力范围。

（2）通过末级发动机惰性燃烧排放。发动机涡轮泵不工作或处于低工况工作状态下，使推进剂进入燃烧室点火燃烧排空；在涡轮泵不工作的状态下，应考虑推进剂流量偏离额定工况及在一种推进剂先耗尽的情况下的燃烧室工作安全性；在涡轮泵低工况工作状态下，应考虑涡轮泵的工作安全性及由发动机混合比变化带来的对燃烧室工作安全性的影响；应考虑涡轮泵可能因不工作或低工况状态下自动加速为额定工况而对末级排放、离轨产生的影响。

（3）通过末级发动机燃烧室排放。剩余燃料、氧化剂在贮箱增压压力下，通过发动机燃烧室相继排出运载火箭末级。

（4）通过末级发动机排空管排放。通过在发动机原有的推进剂泄出管路上增加排放管路和控制阀门，实现剩余推进剂排放。排放系统相关设计不应影响执行既定任务期间发动机再次起动前的推进剂排空功能。

（5）通过专用排放管排放。通过在容器出口、发动机隔离阀（或发动机泵前阀）前的输送管路上连接设置有控制阀门的氧化剂和燃料排放管路，实现剩余推进剂和气体排放。排放管路出口应设有减少排放对运载火箭末级造成干扰的措施，出口周围应无影响排放的设备。

4. 飞行试验结果评估

根据运载火箭飞行试验的遥测数据和外弹道测量数据及其他地面观测系统的有关数据，对剩余推进剂的排放效果进行评估，具体要求如下。

（1）运载火箭总体结合实际推进剂剩余量、火箭姿态、指令执行情况及末级火箭轨道根数等对排放阶段的工作情况进行综合分析。

（2）其他地面观测系统根据火箭发射轨道，对器箭分离后的火箭运行状态进行跟踪观测，观测时间一般持续一个月，然后形成观测结果分析报告，作为末级火箭排放操作效果的旁证。

（3）火箭末级箭体剩余推进剂排放系统按照设计程序工作，排放未对航天器工作造成危害，末级箭体没有因排放导致在轨解体，则剩余推进剂排放系统工作正常,达到设计目的和满足要求。

3.3.3 电池放电及飞轮等储能装置卸能处理

本节参照 GB/T 32308—2015《GEO 卫星任务后处置要求》,介绍电池放电及飞轮等储能装置卸能处理的一般要求和具体处置实施要求。

1. 一般要求

不再进行离轨操作时,所有存储能量的能量源均应钝化处理,避免卫星解体、爆炸,主要能量源处置要求如下。

(1)动量转换装置,如飞轮等活动部件应停止转动。

(2)蓄电池应完成放电或其他钝化操作,并断开充电线路,避免因蓄电池充电过量导致发生爆炸解体事故。

(3)对其他形式的储能部件进行评估,并采取适当的减缓措施。

(4)在处置过程及处置结束后,还应满足下列要求:处置过程及处置结束后应确认星上载荷部件处于关机状态,以免影响其他卫星系统正常工作;处置结束后,应将卫星测控遥测下行切断。

2. 具体处置实施要求

1)蓄电池的钝化要求

蓄电池组钝化处理宜在完成推进剂钝化后进行,并应确保蓄电池组压力处于安全范围,而不会发生爆炸。镉镍蓄电池、氢镍蓄电池可采取整组钝化的方法;对于锂离子蓄电池,为了防止钝化过程中单体离散造成钝化不完全,需要采用单体钝化的方式进行处理。蓄电池钝化处理需要有独立的钝化装置,作为星上设备研制。钝化装置需具备遥测遥控功能并采取必要冗余措施。

2)其他钝化要求

在推进剂钝化过程中出现姿态失稳,应将卫星转入安全姿态,并关闭飞轮等活动部件;未起爆的火工品应完成相应的安全处理。

3)下行信号设置

离轨前应将有效载荷设置为不工作状态,避免离轨过程中对其他卫星造成干扰。卫星处置结束后,应关闭测控下行信号。

3.3.4 钝化处理案例

1. 国外运载火箭任务后钝化处理典型案例

国外有许多关于运载火箭任务后钝化处理的典型案例报道,例如,1996 年 Delta II 火箭发射 MSX 卫星时采用主推进发动机再次起动技术,使其上面级轨道从 906 km×897 km 降至 867 km×224 km,在轨寿命从几百年降至 1 年以内。

国外运载火箭实施剩余推进剂排放的钝化处理案例主要包括:美国 Delta IV

火箭低温上面级在器箭分离后将作防污染碰撞机动,器箭距离达到安全距离后,通过燃烧或排放剩余推进剂和增压气体避免箭体爆炸,随后作轨道处置或可控离轨;美国宇宙神-5(Atlas-5)火箭半人马座(Centaur)低温上面级在器箭分离后将作防污染碰撞机动,器箭距离达到安全距离后,分别通过发动机冷却排泄管和主发动机喷管排出液氢、液氧和氦气;ESA 阿丽亚娜 5 型(Ariane-5)火箭低温上面级在完成器箭分离后,将作防碰机动,然后启旋并通过阀门排放剩余推进剂;俄罗斯质子号运载火箭所用微风上面级在与卫星分离约 2 h 后,实施调姿和姿控正推点火,以增加与卫星的距离,然后实施剩余推进剂排放;俄罗斯联盟号运载火箭的三子级在与 Fregat 常温液体上面级分离后,通过箭体侧面设置的反作用喷管实现离轨和液氧排放,Fregat 上面级在完成器箭分离后,一般会按照空间碎片减缓标准利用姿控发动机或主发动机实施离轨或轨道机动;日本 H-2B 火箭二子级具备可控离轨能力,离轨时,涡轮泵不工作,仅通过气体挤压实现二子级发动机惰性燃烧。

2. 我国运载火箭任务后钝化处理典型案例

在技术攻关的基础上,我国的空间碎片减缓工程化实施也取得了重要进展,逐步实现了现役运载火箭末级的离轨钝化处理,任务后钝化操作已纳入任务流程。下面介绍一些运载火箭在任务后实施钝化处理的典型案例。

在长征二号丙(CZ-2C)运载火箭方案设计中,首次将空间碎片减缓问题作为软硬件设计的出发点,在设计上采用了主动离轨技术,在星箭分离后经过离轨操作,降低了轨道并缩短了轨道寿命。目前,长征二号丙运载火箭末级贮箱、气瓶和箭上电池等均进行了钝化,实现了任务后的排放钝化操作。CZ-2C 运载火箭二子级采用独立的箭体处理系统,在火箭完成正常的发射任务后,箭体处理系统工作,将入轨的二级箭体推离轨道。二级箭体处理方案:采用二级发动机关机后贮箱内的剩余推进剂和增压气体作为工质,重新打开发动机主阀门,液体推进剂、气体通过发动机燃烧室喷出产生冲量,将二级箭体推离轨道,达到离轨的目的。

长征三号系列运载火箭在星箭分离后,将增压系统冷氦气瓶的气体通过反向排气管放掉。长征三号甲(CZ-3A)系列运载火箭低温末级成功完成了排放钝化操作飞行试验,并已在飞行任务中实施,具体措施包括增压气体排放、推进剂预冷排放、DT-3 推进剂通过调姿程序和推进剂管理耗尽、电气设备继续供电耗尽电池等,钝化效果明显。

长征四号系列运载火箭实现了真正意义上的钝化。完成了长征四号乙(CZ-4B)运载火箭末级剩余推进剂排放研究,并成功地应用于工程。长征四号系列运载火箭末级增设了剩余推进剂排放系统,在星箭分离之后,排放系统将剩余的液体推进剂和高压气体排空,从根本上消除了火箭末级在轨道发生爆炸解体的隐患。在 CZ-4B 运载火箭飞行试验中所采用的排放系统方案已经顺利完成了剩余推进剂排放,有效地避免了空间碎片的产生。CZ-4B 运载火箭在 2002 年的飞行试验中进行了改进后的排放系统试验,从遥测数据分析,火箭排放段工作正常,在排放过程中火箭姿态角约为 2°,且保持稳定,说明改进后的方案有效解决了排放引起的干扰问题,卫星工作正常,运载火箭排放未对卫星形成污染影响[40]。

长征五号(CZ-5)运载火箭发射 GTO 任务时,末级火箭轨道寿命在一周到十几年不等,可以只通过钝化完成空间碎片减缓。CZ-5 火箭末级与 CZ-3A 系列火箭末级均采用液氢、液氧推进剂,且末级发动机有一定的继承性,因此可参考 CZ-3A 系列火箭,对 CZ-5 火箭二级采用剩余推进剂和高压气体排放钝化处理。

长征六号(CZ-6)运载火箭首飞目标轨道为 530 km 太阳同步轨道。星箭分离后,为避免火箭末级长时间在轨发生爆炸,采用了主动离轨措施,并有效排空贮箱内剩余推进剂[41]。星箭分离后,当卫星和末级拉开一定距离后,末级进行调姿调头;4 个俯仰和偏航喷管开启,以连续工作方式提供正推力,降低末级运行轨道,同时以关控制模式维持姿态稳定;分别打开主发动机氧化剂主阀和燃料主阀,从发动机燃烧室排出剩余推进剂,在排空推进剂的同时提供正推力,进一步降低末级轨道。CZ-6 运载火箭完成飞行试验后,剩余推进剂排放,最终将三子级轨道近地点高度降低约 370 km。CZ-6 运载火箭末级采用姿控发动机正推及剩余推进剂排放进行主动离轨,通过对离轨理论分析与飞行试验对比,结果表明:末级离轨效果明显,末级在轨时间缩短至 1~1.5 年。

长征七号运载火箭发射 LEO 任务时,末级火箭在轨时间约为 3 个月,已经满足在轨寿命小于 25 年的要求,可以只通过钝化完成空间碎片减缓;发射 SSO 任务时,末级火箭轨道寿命至少达到 28 年,仅通过钝化不能满足国际空间碎片减缓要求(小于 25 年),还必须实施主动离轨。

综上,我国在役运载火箭型号的实际情况如下:对于 LEO 任务,火箭末级在轨时间低于 25 年,在完成相应钝化措施后可以不采取其他措施;对于 SSO 任务,末级在轨时间高于 25 年,有条件的火箭采取主动离轨措施,条件不足的火箭采取钝化措施;对于 GTO 任务,末级在轨时间大多低于 25 年,根据任务特点,火箭末级采取了钝化措施,由于受到火箭末级发动机起动次数限制,GTO 轨道火箭末级主动离轨技术尚未实现工程应用。另外,运载火箭设计部门对星箭分离装置设计提出了严格封闭的技术要求,以确保分离物不落在主结构之外。

3. 我国卫星任务后钝化处理典型案例

2011 年 11 月 26 日,北斗一号 01 星离轨后进行了钝化操作,实施了排空推进剂、关闭活动部件、关闭电源、关闭载荷、断开测控上下行等操作。经地面分析确定,北斗一号 01 星钝化后,推进剂已排空,整星断电,蓄电池处于电量排尽状态,活动部件均处于断电状态,该卫星钝化任务满足要求。

2011 年 11 月 24 日,对北斗一号 02 星进行了钝化处理,实施了活动部件断电、排放推进剂、蓄电池放电等操作。同年 11 月 25 日,断开卫星测控下行,不再进行跟踪控制。经地面分析确定,北斗一号 02 星钝化后,推进剂已排空,整星断电,蓄电池处于电量排尽状态,活动部件均处于断电状态,该卫星钝化任务满足要求。

风云二号 C 星(FY‐2C)是我国首颗实现连续在轨稳定运行的静止轨道气象卫星,该星于 2004 年发射,2009 年停止业务运行,并一直处于备用状态。2014 年 12 月 10 日至 13 日,FY‐2C 离轨控制工作在西安卫星测控中心成功实施。按照我国空间碎片减缓规范的要求,西安卫星测控中心为 FY‐2C 制定了详细的离轨控制方案,并进行了离轨控制风险分析,有效确保了离轨过程中的卫星安全,同时避免了干扰其他卫星。FY‐2C 离轨控制过程共分五个批次进行,整个过程和结果满足我国空间碎片缓解规范和《IADC 空间碎片减缓指南》的规定。离轨轨道高度比原有轨道高度高出了 611 km,达到了离轨控制实施方案的预期目标。

2015 年 9 月,希望二号卫星通过长征六号运载火箭发射到轨道高度为 530 km 的圆形太阳同步轨道上。根据任务设计,希望二号 A 星将在轨实施降轨操作,以验证低轨离轨操作对卫星轨道寿命的影响。通过一系列降轨操作之后,希望二号卫星的轨道高度降低到 462 km,卫星轨道寿命大幅缩短。截至 2020 年 4 月,希望二号卫星轨道已经降到远地点 448 km、近地点 427 km 的椭圆轨道上,预计在 2025 年,希望二号卫星将坠入大气层烧毁。通过希望二号卫星成功实施了卫星主动离轨的操作,验证了 LEO 区域卫星任务后离轨技术,为未来卫星开展任务后离轨从而实现空间碎片减缓积累了宝贵经验。

4. 我国飞船任务后钝化处理典型案例

天舟一号是我国自主研制的首艘货运飞船,于 2017 年 4 月 20 日发射入轨后,与天宫二号空间实验室自动交会对接形成组合体。2016 年 6 月 21 日撤离天宫二号,转入独立飞行阶段。天舟一号在完成空间实验室阶段任务及后续拓展试验后,实施受控离轨。2017 年 9 月 22 日上午,天舟一号按计划实施受控再入第 1 次降轨,并于当天下午按计划实施受控再入第 2 次降轨。在受控再入的各阶段,顺利完成平台设置,成功执行 2 次变轨,变轨过程及姿态调整到位,再入大气层时的姿态调整正常。从再入点到遥测消失过程中,所有舱内温度较再入之前的自主飞行状态均未产生变化,保持平稳状态,表明货运飞船舱内的密封性和隔热性能较强,在遥测中断前,舱内设备温度保持正常。舱外设备在再入过程中从进入大气层开始,由于直接受到再入加热,其温升显著,在进入大气层前,未出现显著变化。进入大气层后,受到气动力热的影响,设备逐步失效,链路数据陆续中断,遥测信号消失。

天宫二号空间实验室是我国首个真正意义上的空间实验室,于 2016 年 9 月 15 日发射入轨。2019 年 7 月 18 日晚上,天宫二号按计划实施受控再入第 1 次降轨,7 月 19 日晚上,按计划实施受控再入第 2 次降轨。在受控再入的各阶段,顺利完成平台设置,成功执行 2 次变轨,变轨过程及姿态调整到位,再入大气层时的姿态调整正常。天宫二号进入大气层后,受到气动力热及姿态角速度超过信号跟踪速度

的影响,链路数据中断,遥测信号消失,最终有控陨落于南太平洋预定区域。执行
2 次制动开关机点均有地面全程测控支持,充分保障任务安全。在再入方案设计
阶段,结合天宫二号空间实验室的系统状态,建立了天宫二号最小离轨模式,在面
向落区故障处置策略基础上,设计了轨道控制超差、变轨未执行等应急轨道控制策
略,解决了故障情况下受控再入可能对地面人员和财产造成损失的问题,确保了天
宫二号安全可靠受控再入预定区域。

3.4   主动移除技术

空间碎片对人类的空间资源开发活动构成了极大的威胁,面对 LEO 区域废
弃物碰撞可能引发的凯斯勒效应及 GEO 区域即将无轨道位置资源可用等严峻
现实,为有效遏制空间碎片密度快速上升、碰撞风险日益加剧的趋势,在采取空
间碎片减缓措施的基础上,有必要对已经漂浮在轨道的空间碎片进行治理,才能
从根本上阻止空间碎片的增长趋势,进而降低在轨碰撞风险,保证服役航天器的
正常运行。

NASA 曾采用低地球轨道-地球静止轨道环境碎片(LEO-to-GEO environment
debris, LEGEND)模型进行了空间碎片演化分析,设计了 3 种仿真分析模型:① 不
移除空间碎片,但任务后采取减缓措施,即 PMD,其成功率设定为 90%;② 根据一
定准则,选择对空间环境影响最大的碎片实施主动移除(ADR),假定每年移除 2
颗,其他假设条件不变;③ 模型与②的假设条件相同,但是碎片移除数量改为每年
5 颗。轨道范围选择 2 000 km 以下的低轨空间,移除时间始于 2020 年,采用蒙特
卡洛方法对三种场景进行计算得到的结果如图 3-42 所示。仿真结果表明:① 仅
采用任务后减缓措施在一定程度上能够减缓空间碎片数量的增长,但不能从根本
上改变空间碎片增长的趋势,未来 200 年,碎片数量可能增长 75%;② 在采取任务
后减缓措施的基础上,每年移除 2 颗空间碎片可使碎片数量减少一半;③ 在采取
任务后减缓措施的基础上,每年移除 5 颗空间碎片将使未来的近地空间环境得以
稳定或改善。

如何安全有效地移除轨道上的空间碎片已成为空间碎片减缓技术新的研究方
向和研究热点。ADR 是指借助外力使空间碎片快速地离开被占用的轨道。对于
LEO 空间碎片,使其降低轨道并再入大气层烧毁;对于高轨道或 GEO 空间碎片,使
其轨道转移进入坟墓轨道。因此,对于空间碎片主动移除技术的一般要求是:
① 避免移除过程中产生更多的空间碎片;② 针对不同轨道区域(LEO、MEO、GEO
等)制定可行的移除方案;③ 低成本移除空间碎片;④ 高效率移除空间碎片;⑤ 再
入地球大气层的可控性。

以下介绍几种目前主要的空间碎片主动移除技术途径。

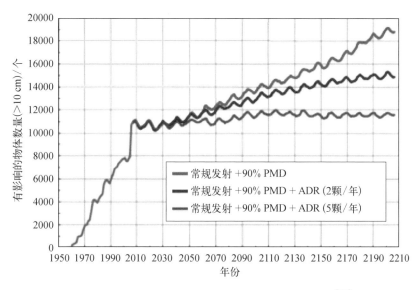

图 3 - 42　减缓和移除对空间碎片环境稳定性的影响[42]

3.4.1　基于机械装置的碎片移除技术

目前,各个国家都比较倾向于使用先通过机械装置捕获空间碎片,随后采用离轨手段将其转移离开当前轨道的方法。

1. 基本原理

空间碎片移除飞行器一般需要携带捕获装置和离轨装置。离轨装置就是通过能量转化的方式使空间物体速度和轨道发生改变。捕获装置和离轨装置也可合为一体设计。

一般来说,这种空间碎片移除任务分为以下几个阶段:首先,携带有机械捕获装置的飞行器根据所携带的定位装置对非合作目标进行追踪,并且逐渐向非合作目标靠近,进入捕获装置的有效作用距离;然后,利用捕获装置将非合作目标捕获;最后,飞行器通过自身动力系统或辅助离轨装置将非合作目标拖曳进入大气层完成焚烧。

2. 方案概述

基于轨道机动飞行器的空间拖船(space tug)可应用于空间碎片移除任务,执行移除任务的飞行器通过机械臂或者绳网系统提供牵引力,将空间非合作目标拖曳到合适的轨道或再入大气中烧毁,柔性绳网系统或机械臂是该方法的清理捕获装置[43]。这种方法得到了许多国家的认可,同时也针对这种方法开展了大量的验证试验。

空间拖船移除空间碎片技术的特点:① 用于捕获和拖拽的飞行器具有一定的

轨道机动能力;② 由于轨道机动飞行器要与空间非合作目标相互连接,其位姿很容易受到目标的影响,应避免在捕获过程中发生飞行器失稳或意外碰撞。

机械臂是一种典型的抓捕工具,相关技术已经发展得比较成熟,机械臂在空间中的实际应用也比较多;相比之下,绳网系统质量小、体积小、制备和使用成本低,由于绳网系统的柔性体特征,柔性绳网系统适用于各种不规则形状的非合作目标,但是使用飞网捕获后难以控制目标的姿态。

3. 关键技术

基于机械装置的碎片捕获技术所涉及的关键技术如下。

1) 空间碎片目标形态与位姿测量技术

在移除飞行器接近并抓捕目标的过程中,需要对目标的位置、姿态、翻滚角速度等信息进行实时跟踪探测,同时还要分析目标上可抓捕的特征点信息,以协调机械臂进行抓捕,确保抓捕过程中目标与移除航天器组合体的稳定。在探测过程中,因为没有已知的相对距离观测量,其相对位置具有很大的不确定性,从而给相对状态的估计带来了很大挑战。碎片特征复杂或无明显特征、目标无规律旋转等问题都给相对位姿测量带来了极大的挑战。绕飞过程中,为了实现对目标高精度的位姿测量,理想绕飞轨道为圆轨道,但脉冲控制下的绕飞轨迹为多段近似直线轨迹的拼接,也影响了相对位姿的测量。

2) 空间碎片主动接近技术

与合作目标相比,针对非合作目标的自主绕飞任务的制导策略更加复杂。主动接近技术研究主要针对空间碎片非合作目标,开展主动接近过程近距离寻的段、接近段、绕飞段等飞行段制导和控制策略研究,使飞行器从近距离导引段逐步进入指定的绕飞轨道,为后续抓捕提供良好的初始条件。在接近和绕飞的过程当中,需要通过抓捕飞行器的姿态控制,保证测量设备时刻指向碎片目标,以便能够实时测量相对位姿信息。抓捕飞行器的姿态控制能力将直接影响制导策略的实现。

3) 漂浮基座飞行器多体协调控制技术

移除飞行器工作在微重力环境下,因存在动量和动量矩守恒,机械臂的运动与飞行器本体存在动力学耦合,移除飞行器本体姿态会随着机械臂的运动而改变,而本体姿态的改变也必然会影响机械臂末端定位精度,因此有必要同时考虑控制基座姿态和机械臂末端均达到期望值。采用双臂操作需要考虑协调控制问题,相比单臂运动规划更加具有挑战性,科学合理的运动规划是实现这一目的的前提和保证。

4) 组合体质量辨识及控制重构技术

捕获后的组合体需要进行快速的姿态稳定控制,而该过程与组合体质量和惯量参数辨识工作可以在短时间内反复交替进行。因此,组合体快速稳定可认为是一个控制系统重构问题,重构后的控制系统应当具有较好的鲁棒性与较快的响应速度。需要注意的是,捕获后的组合体具有较大的残余角动量,会对系统辨识工作会造成一定的困难。

5)翻滚目标被动消旋技术

移除飞行器在对空间碎片实施抓捕时,首先要进行空间碎片的消旋并稳定抓捕后的组合体姿态。否则,由于组合体的质量和动量的突变,飞行器原控制系统很难满足组合体系统控制要求,整个组合体系统很可能会失稳。因此,对空间碎片实施被动消旋是开展后续飞行器稳定控制的重要前提。

3.4.2　激光移除空间碎片技术

使用激光移除空间碎片有两种方法,第一种主要用来清理微小空间碎片,利用激光光束能量极高的特点,直接用高能连续光波冲击碎片,将碎片焚毁,完成任务。空间碎片的汽化蒸发阈值一般在 $0.1 \sim 1 \ \mathrm{MW/cm^2}$ 的强度范围内,移除时需要消耗大量的能量。第二种方法则是面向一些尺寸稍大些的空间碎片,利用高能脉冲在碎片表面照射产生"物质燃烧流动推力",这个推力便可以改变空间碎片的运行轨道,实现降轨后再入大气层销毁。以上两种方法中,第一种是利用连续波激光产生巨大能量,另一种是利用高能脉冲激光产生推力。

激光移除空间碎片具有作用距离远、操控精度高、可多次使用、可移除微小碎片等特点,在移除 $1 \sim 10 \ \mathrm{cm}$ 空间碎片方面具有很好的效果。

在激光移除空间碎片技术方面,最具代表性的是 NASA 和美国空军联合提出的猎户座(Orion)计划,主要研究地基激光系统下厘米级空间碎片移除技术,见图 3-43。在激光移除空间碎片研究方面,已经由概念研究迈向了实质性试验阶段。

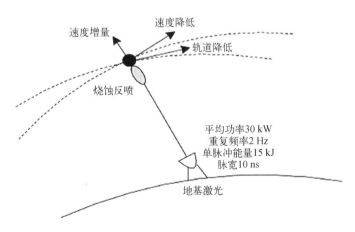

图 3-43　美国 Orion 计划示意图

1. 基本原理

激光移除空间碎片技术是利用高能脉冲激光聚焦到碎片表面,烧蚀表面物质,其温度升高至碎片的熔点甚至沸点,使碎片熔化或汽化,产生高温高压的等离子体,等离子体向外膨胀喷射形成羽流,作用在空间碎片上,使其获得速度增量,见图3-44。在合适的位置多次作用于碎片,从而改变空间碎片的运行轨道,可实现空间碎片离轨的目的。

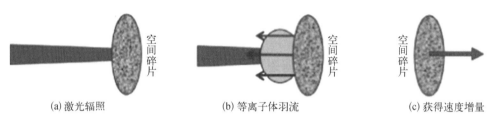

(a) 激光辐照　　　　　　　(b) 等离子体羽流　　　　　　　(c) 获得速度增量

图 3-44　激光移除空间碎片原理示意图

2. 方案概述

空间碎片激光移除系统可分为地基和天基两种类型,其各有优缺点。地基系统成本较低、维护方便、能量转化成本低,但是对碎片的监测时间受光照的影响,并且容易受到大气干扰,效率较低。而天基系统可以实现全天监视,移除效率高,但维护困难,能源使用成本高。表3-8从技术难度、移除效率和费用3个方面对天基和地基激光移除技术进行了对比。

表 3-8　天基激光移除和地基激光移除对比

移除方式	技术难度						移除效率					费用
	发射	空间装配	能量来源	能量储存	散热难度	维护难度	作用时间	大气传输影响	跟踪、捕获视场	移除单位质量能耗	重复使用	
天基激光移除	质量大、难度高	需要	地面输送或太阳能	难度大	高	高	相对较长	基本不受影响	比较大	相对较小	可以	高
地基激光移除	中继反射镜	不需要	大型能源设施	不需要	低	低	短	主要影响	小	大	可以	低

以下分别对两种空间碎片激光移除技术进行介绍。

1）地基激光移除技术

1996 年,在 Orion 计划中提出一种采用地基高能激光来完成移除近地轨道空间碎片的研究方案。该方案使用铷玻璃激光器,其输出波长为 1 060 nm,但发射口径减小为 6 m,输出功率为 30 kW,依然采用的是自适应光学系统。将地基激光器建立在高山上,目的是未来减少大气对激光的传播衰减,这样便能够对 1 500 km 轨道上的碎片进行移除。1999 年,任职于德国宇航中心物理研究所的 Bohn 提出了一种采用高能脉冲的化学氧碘激光器的方案。激光器输出波长为 1 315 nm,用来对 450~1 000 km 轨道范围的空间碎片进行移除。但是这种方案需要使用增益开关来控制化学氧碘激光器,以确保激光器可以连续照射空间碎片。

为了能够获得比较理想的空间碎片移除效果,采用地基激光移除技术还需要综合考虑两个方面的因素。第一,选择合理的地基激光位置。地基激光位置的选择应最大限度地减小大气中激光传输影响,所以应尽量缩短激光束的传播距离。同时,地基激光也应选在高山及寒冷地区,这样能大幅度减小尘埃、水蒸气等对激光传输的影响。第二,掌握空间碎片的移除时机。地基激光移除空间碎片包括两种模式:一是直接照射,不使用中继反射镜;二是间接照射,需要中继反射镜。

此外,还可以根据移除碎片的时效性,实施常规移除和紧急移除。常规移除是指不使用中继反射镜模式下,并在激光站可照射范围内,对运动至其上空的空间碎片进行照射,空间碎片的近地点高度减小,然后可以进入大气层燃烧。对于小质量的碎片,基本在一个运动周期内就能够成功降轨,并进入大气层烧毁;对于大质量的空间碎片,则需要经过几个运动轨道周期才能够进入大气层烧毁。

当在轨物体与空间碎片发生碰撞的概率超过预警值时,为避免物体与空间碎片发生撞击而采取及时移除碎片的方法为紧急移除。若空间碎片正好处于多个地基激光器可共同照射区域内,则可以同时使用多个激光进行照射,这样可以使空间碎片的近地点高度尽可能快地降至进入大气层烧毁的临界值。如果清理中的空间碎片正好处于激光照射的作用间隙,此时需要中继反射镜的配合,先将激光光束照射至中继反射镜,再经反射后可完成对空间碎片的照射,这样可以更快地达到有效移除碎片的目的。

2）天基激光移除技术

激光移除系统也可搭载在天基操作平台上,如上面级、卫星、空间站等。天基激光移除系统的激光束不受大气效应的影响,所以对近场功率密度不存在大气非线性效应的限制。天基激光器还可用于特定航天器轨道附近的空间碎片移除和推离,消除被碎片直接撞击的影响,适用于大尺寸和长寿命的指定轨道航天器的保护,如空间站。天基激光器利用高能脉冲激光聚焦到碎片表面,烧蚀碎片表面物质,形成喷射的等离子,产生与碎片运动方向相反的推力,对其起到"刹车作用",操控空间碎片减速降轨,再入大气层燃烧,从而达到空间碎片离轨移除的目的。

激光移除系统由高能激光器、探测与跟瞄系统组成。高能激光器是系统的核心部分,产生移除空间碎片所需要的高功率、高脉冲能量的激光束,对空间碎片进行激光烧蚀,产生等离子体。探测与跟瞄系统整体采用粗精复合轴跟踪原理,粗跟踪执行机构采用两轴转台,探测器采用大面阵可见光电荷耦合器件(charge-coupled device, CCD)相机,通过主动激光照明实现远距离目标的探测,光学系统采用共口径离轴卡式系统。精跟踪执行机构采用高速振镜,探测器采用高速可见光 CCD 相机,光学系统采用共口径离轴卡式系统。

3. 关键技术

空间碎片激光移除技术所涉及的关键技术包括以下几种。

1)高功率激光器技术

空间碎片激光移除技术对激光器的多个核心指标均提出了很高的要求,包括平均功率、峰值功率、单脉冲能量、脉冲宽度、波段及光束质量等,天基移除技术还必须考虑系统的体积、质量、功耗及空间环境的适应性等。

2)高精度跟踪瞄准技术

激光发射系统能够稳定捕获、跟踪、瞄准并将激光束精确地发送到数百千米之外的空间碎片上,因此对激光束发射的跟瞄精度要求极高。同时,需要改进跟踪算法,减小跟踪误差,优化提前量设置,从而使激光准确聚焦到碎片上。

3)大气传输效应补偿技术

大气湍流和热晕效应会引起高能激光束的漂移、展宽及光束强度的变化。因此,要将激光能量有效地聚焦在目标上,需要通过自适性光学系统对发射的激光束预先进行大气畸变效应的补偿。

3.4.3 离子束推移空间碎片技术

离子束推移离轨技术是一种新型空间碎片移除方式,利用远距离发射的高能离子束与空间碎片产生作用力,降低碎片速度,从而降低其轨道,达到移除目的。由于离子束推移是非接触的离轨方法,在移除过程不会与碎片发生直接接触,不需要交会过程和复杂的控制系统。另外,远离离子束中心线的大发散角的等离子体非常稀少(动量可忽略不计),所以也不会对空间环境造成污染。这种方式适用于不同轨道、不同尺寸大小的空间碎片[44]。

1. 基本原理

这种方法与激光推力移除法很接近,原理是碎片清理飞行器向碎片表面发射离子束,可以产生相互作用力,实现空间碎片的轨道改变及清理。在清理过程中,清理飞行器不需要与目标接触,而且可以与目标保持一定的安全距离,清理成本比较低并且可以重复利用,具有一定的操作优势。但是由于离子束和激光束的照射距离和面积问题,产生的推力有限,以目前的技术水平来看,该方法的清理效率不高,清理周期比较长。

2. 方案概述

这种离子束驱离飞行器的相互对立面安装了一对离子发动机,当飞行器接近空间碎片时,以相同功率起动这些离子发动机,这样飞行器就可以保持原位置。离子发动机产生的离子束作用于空间碎片,制动目标并改变其轨道根数,使其逐渐降低速度,最终从轨道上脱离。

ESA 新概念团队提出了对离子束推移离轨的相关理论分析,离子束推移移除碎片概念见图 3‒45,驱离飞行器向碎片喷射离子束示意图见图 3‒46。

图 3‒45　ESA 离子束推移移除碎片概念[45]

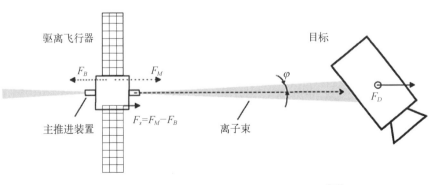

图 3‒46　驱离飞行器向碎片喷射离子束示意图[46]

　　喷射出的离子束可看作两个物体(离子束驱离飞行器和空间碎片)的物理连接,类似于一个弹簧结构。可将两个物体看作一个系统,为了保持系统的稳定性,则要求:

$$m_{IBS}(F_M - F_B) = m_D F_D \qquad (3-25)$$

式中,F_M 是动力系统产生的推力;F_B、F_D 分别为通过弹簧作用在飞行器和目标上的附加推力;m_{IBS}、m_D 分别为离子束驱离飞行器和碎片的质量。

　　假设动量转化效率 $\eta_B = F_D / F_B$,式(3-25)通过变换得到:

$$F_M = F_B\left(1 + \eta_B \frac{m_{IBS}}{m_D}\right) \qquad (3-26)$$

　　损失的动量是由于部分离子束未作用到碎片上造成的。为了使动量转化效率 $\eta_B \approx 1$,需要使飞器与碎片之间的距离足够小,并且要求离子束是小发散的(即 φ 是足够小的)。为了达到较好的离轨效果,空间碎片所受到的推力要求尽量沿碎片切线方向且作用在质心位置附近。

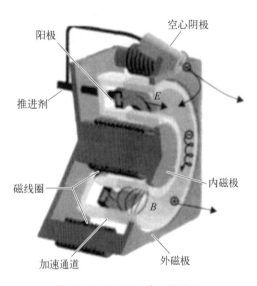

图 3-47　SPT 系统结构简图

　　3. 关键技术

　　1) 大量离子束稳定产生与释放技术

　　离子束推移离轨这个新设想需要使用离子喷射发动机,其原理是在电磁场中加速离子。稳态等离子体推进器(stationary plasma thruster, SPT)是电磁式推力器的一种,其利用电子在电磁场中运动时形成的霍尔效应使得推进工质(一般是 Xe)原子电离并使生成的离子在静电场中加速,从喷管高速喷出后产生推力。SPT 具有比冲高(1 000 ~ 3 000 s)、效率高(50% ~ 70%)、工作寿命长(>10 000 h)、放电电压低等优点,是一种极具应用前景的电推进技术。

　　如图 3-47 所示,SPT 系统由空心阴极、加速通道、内外磁极、磁线圈、阳极、电源系统、推进剂输送管路及支持结构等(部分未在图中标注)组成。

　　如图 3-48 所示,阴极发射的部分电子进入放电室,在正交的径向磁场和轴向电场的共同作用下向阳极漂移,在漂移过程中与从阳极/气体分配器出来的中性推进剂原子(一般为 Xe)碰撞,使得 Xe 原子电离。由于存在强的径向磁场,电子被限定在放电通道内沿周向做漂移运动。而离子质量大,其运动轨迹基本不受磁场影响,在轴向电场的作用下沿轴向高速喷出,从而产生推力。与此同时,阴极发射出的另一部分电子与轴向喷出的离子中和,保持了推力器羽流的宏观电中性。

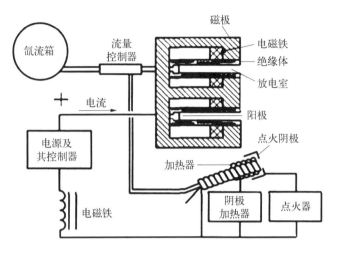

图 3 - 48　SPT 系统组成示意图

　　离子束 SPT 工作是以阴极工作为前提的,阴极负责 SPT 的点火、工作过程中放电通道内电子的补充及羽流区中和。高效、可靠工作的阴极是 SPT 稳定放电的基础,阴极的工作寿命和循环次数也是 SPT 寿命和点火次数的一大制约因素。目前,SPT 中使用得较多的是金属陶瓷阴极中的钡钨阴极、六硼化镧阴极和氧化物阴极等。其中,美国主要使用的是钡钨阴极,目前其钡钨空心阴极技术已趋于成熟,工作寿命一般均超过 10 000 h。例如,NASA 研制的空间站等离子体接触器采用钡钨空心阴极,发射电流为 12 A 时寿命达到 27 000 h,循环次数超过 32 000 次。俄罗斯多使用六硼化镧阴极,其性能在 SPT 的长期试验和应用过程中久经考验。目前,已开发了一系列大小和功率不同的六硼化镧空心阴极,可满足不同功率等级的SPT 的需要。

　　空心阴极的长寿命技术在国外已获得突破,目前的难点是阴极寿命的快速试验和预估。影响阴极寿命的因素众多、情况复杂,尤其是发射体的制备工艺与环境因素对阴极的性能和寿命影响巨大。而这些因素的影响大多是非直观的,往往到阴极寿命末期才体现出来。目前的做法是开展长期寿命试验,但数千至上万小时的持续试验往往需要耗费大量的资源,因此采取新的快速可靠的寿命试验和预估方法迫在眉睫。

　　2) 离子发动机羽流交互作用效应分析技术

　　由于离子发动机是一种侵入式结构,其应用存在羽流与目标器的交互作用效应的问题。如果离子束发散角较大,且大部分为等离子体,与目标器发生作用时将产生多种不利影响,包括力矩干扰、溅射和沉积污染、表面电位及电磁通信影响等。羽流效应研究是一项复杂的工程,涉及多个课题和领域,包括羽流场形成分布规律研究、羽流场与航天器的相互作用研究及前述作用对航天器产生的影响效应研究,三方面缺一不可。在离子发动机羽流的几个主要影响效应中,力矩干扰占主导支配地位,因此对离子束驱离飞行器的姿态控制提出了一定的要求。关于其研究,除了进行各种地面和空间试验外,在理论研究方面国际上也开展了大量工作。

ESA 以一个球形空间碎片为例对碎片表面所受力和力矩开展了建模分析,图 3-49 为球体碎片受到的离子束轴向力 F_z、径向力 F_r 和转矩 N 示意图。

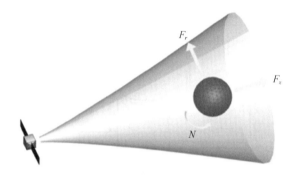

图 3-49 球体碎片受到的离子束轴向力、径向力和转矩示意图

动量转化效率取决于空间碎片的尺寸,以及其处于羽流中的位置和姿态。对于中等尺寸的空间碎片,在离子束驱离飞行器距离目标 10~15 m 范围内可得到较好的转化效率。

图 3-50 为通过建模及有限元分析得到的作用在宇宙(Kosmos)上面级的离子力。其中,上面级的半径为 2.4 m,高度为 6.5 m,距离离子束驱离飞行器约为 15 m,离子束的马赫数为 20,发散角为 10°。

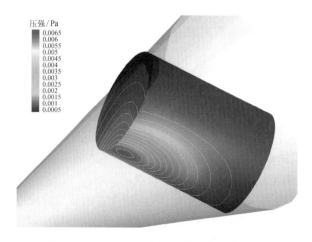

图 3-50 Kosmos 上面级所受离子力分析

3.5　本　章　小　结

本章重点介绍了空间碎片减缓研究的代表技术,主要包括离轨处理技术、离轨轨道设计、钝化处理技术及主动移除技术,并结合国内外典型案例进行了阐述。

2021 年,我国制定的国际标准 ISO 20893:2021《航天系统——运载火箭轨道级空间碎片减缓详细要求》正式发布。该标准详细界定了空间碎片减缓要求,并就地球轨道运载火箭轨道级的设计和运行提出了建议,对消除在轨末级火箭爆炸或解体的潜在危险、飞行任务完成后留在末级火箭推进剂贮箱和管路中的剩余推进剂的有效排放措施提出了要求,避免在轨道上解体,减少对保护区的干扰。

参考文献

[1] Sanmartin J R, Lorenzini E C. Martinez-Sanchez M. Electrodynamictether applications and constraints. Journal of Spacecraft and Rockets, 2010, 47(3): 442 – 456.

[2] Bell I C, Hagen K A, Singh V, et al. Investigating miniature electrodynamic tethers and interaction with the low earth orbit plasma. San Diego: AIAA SPACE 2013 Conference and Exposition, 2013.

[3] 徐大富. 电动力绳系离轨系统的建模与动力学分析. 哈尔滨: 哈尔滨工业大学, 2010.

[4] Cosmo M L, Lorenzini E C. Tethers in Space Handbook. 3rd ed. Washington D C: NASA, 1997.

[5] Vaughn J A, Curtis L, Gilchrist B E. Review of the ProSEDS electrodynamic tether mission development. Fort Lauderdale: The 40th AIAA/ASME/SAE/ASEE Joint Propulsion Conference and Exhibit, 2004.

[6] Fujii H A, Watanabe T. Space demonstration of bare electrodynamic tape-tether technology on the sounding rocket. AIAA Paper 2011 – 6503, 2011.

[7] Bonometti J A, Sorensen K F, Dankanich J W, et al. 2006 status of the momentum exchange electrodynamic re-boost (MXER) tether development. Sacramento: The 42nd AIAA/ASME/SAE/ASEE Joint Propulsion Conference, 2006.

[8] Dekker A J. Thermionic Emission. McGraw Hill Access Science Encyclopedia, 2002.

[9] Ohkawa Y, Kitamura S, Kawamoto S, et al. A carbon nanotube field emission cathode for electrodynamic tether systems. Wiesbaden: 32nd International Electric Propulsion Conference, 2011.

[10] Andrews J G, Allen J E. Theory of a double sheath between two plasmas. Proceedings of the Royal Society A: Mathematical and Physical Sciences, 1971, 320(1543): 459 – 472.

[11] Katz I, Anderson J R, Polk J E, et al. One-dimensional hollow cathode model. Journal of Propulsion and Power, 2003, 19(4): 595 – 600.

[12] Sidi M J. Spacecraft Dynamics and Control: a Practical Engineering Approach. Cambridge: Cambridge University Press, 1997.

[13] 余本嵩,文浩,金栋平,等. 空间电动力绳系统理论及实验研究. 力学进展,2016,46(5):

227-266.

[14] Lanoix E L M, Misra A K, Modi V J, et al. Effect of electrodynamic forces on the orbital dynamics of tethered satellites. Journal of Guidance, Control and Dynamics, 2005, 28(6): 1309-1315.

[15] Zhong R, Zhu Z H. Dynamics of nanosatellite deorbit by bare electrodynamic tether in low earth orbit. Journal of Spacecraft and Rockets, 2013, 50(3): 691-700.

[16] 张烽,申麟,吴胜宝,等. 电动力绳系离轨技术性能与任务适应性分析. 导弹与航天运载技术,2017(3): 1-11.

[17] 《世界航天运载器大全》编委会. 世界航天运载器大全. 2 版. 北京: 中国宇航出版社,2007.

[18] 王小锭,张烽,董晓琳,等. 基于电动力绳的火箭末级离轨系统设计及效能分析. 导弹与航天运载技术,2018(2): 13-19.

[19] Santerre B, Bonnefond T, Dupuy C. The innovative deorbiting aerobrake system (IDEAS) for small satellites: the use of gossamer technology for a cleaner space. Rhodes: 4S Symposium Small Satellites Systems and Services, 2008.

[20] Clark R, Sinn T, Lücking C, et al. Strathsat-R: deploying inflatable cubesat structures in micro gravity. Naples: 63rd International Astronautical Congress, 2012.

[21] Freeland R E, Veal G R. Significance of the inflatable antenna experiment technology. Long Beach: 39th AIAA/ASME/ASCE/AHS/ASC Structures, Structural Dynamics, and Materials Conference, 1998.

[22] Wang J T, Johnson A R. Deployment simulation of ultra-lightweight inflatable structures. Denver: 43rd AIAA/ASME/ASCE/AHS/ASC Structures, Structural Dynamics, and Materials Conference, 2002.

[23] Salama M, Kuo C P, Lou M. Simulation of deployment dynamics of inflatable structures. AIAA Journal, 2000, 38(12): 2277-2283.

[24] 徐彦,关富玲. 可展开薄膜结构折叠方式和展开过程研究. 工程力学,2008,25(5): 176-181.

[25] 姚涛涛,张玉珠. 可展开航天器的充气系统分析. 国际太空,2008,1: 32-35.

[26] 马小飞,宋燕平,韦娟芳,等. 充气式空间可展开天线结构概述. 空间电子技术,2006,3: 10-15.

[27] 刘晓峰,谭惠丰,杜星文. 充气太空结构及其展开模拟研究. 哈尔滨工业大学学报,2004, 36(4): 508-512.

[28] 谭惠丰,李云良,苗常青. 空间充气展开结构动态分析研究进展. 力学进展,2007,37(2): 214-224.

[29] 李斌,谭德伟,杨智春. Z 形折叠薄膜充气管充气展开过程仿真. 机械科学与技术,2010,29 (7): 930-935.

[30] 卫剑征,谭惠丰,苗常青,等. 空间折叠薄膜管的充气展开动力学实验研究. 力学学报, 2011,43(1): 202-207.

[31] 王伟志,刘学强. 增阻型被动离轨外形特性初步分析. 空间碎片研究,2008,8(1): 1-5.

[32] 刘宇艳,孟秋影,谭惠丰,等. 空间充气展开结构用刚化材料和刚化技术的研究现状. 材料工程,2008,2: 76-80.

[33] 曹旭,王伟志.空间充气展开结构的材料成型固化技术综述.航天返回与遥感,2009,30 (4):63-68.

[34] 王新伟,任妮,王多书,等.空间充气膨胀展开结构的可控刚化技术.真空与低温,2009,15 (3):125-130.

[35] Guidanean K, Lichodziejewski D. An inflatable rigidzable truss structure based on new sub-Tg polyurethane composites. Denver:43rd AIAA/ASME/ASCE/AHS/ASC Structures, Structural Dynamics, and Materials Conference, 2002.

[36] Cadogan D P, Scarborough S E, Lin J K, et al. Shape memory composite development for use in gossamer space inflatable structures. Denver:43rd AIAA/ASME/ASCE/AHS/ASC Structures, Structural Dynamics, and Materials Conference, 2002.

[37] Guidanean K, Veal G. An inflatable rigidizable calibration optical sphere. Norfolk:44th AIAA/ASME/ASCE/AHS Structures, Structural Dynamics, and Materials Conference, 2003.

[38] 周文勇,叶成敏,陈益.上面级离轨轨道设计及远场安全分析.昆明:第七届全国空间碎片学术交流会,2013.

[39] 恽卫东,彭福军,耿海峰.空间碎片减缓薄膜帆离轨效应分析.威海:第十届全国空间碎片学术交流会,2019.

[40] 周遇仁.CZ-4B 火箭剩余推进剂排放系统方案改进.上海:第二届全国空间碎片学术研讨会,2003.

[41] 周遇仁,杨帆,刘昶,等.新型运载火箭空间碎片减缓研究.上海航天,2016,33(S1): 8-12.

[42] Liou J C, Johnson N L, Hill N M. Stabilizing the future LEO debris environment with active debris removal. Orbital Debris Quarterly News,2008,12(4). http://www.orbitaldebris.jsc. nasa.gov.

[43] Dennis R W. Orbital recovery's responsive commercial space tug for life extension missions. San Diego:Space 2004 Conference and Exhibit,2004.

[44] 陈蓉,申麟,唐庆博,等.离子束推力移除空间碎片技术浅析.空间碎片研究,2018,18 (1):48-52.

[45] ESA. Global experts agree action needed on space debris. (2013-04-25)[2021-10-20]. https://www.esa.int/Space_Safety/Space_Debris/Global_experts_agree_action_needed_on_ space_debris.

[46] Bombardelli C,Peláe J. Ion beam shepherd for contactless space debris removal. Journal of Guidance,Control,and Dynamics,2011,34(3):916-920.

第 4 章
空间碎片减缓技术新发展

近些年,空间碎片减缓与移除技术逐渐成为世界各航天国家关注的焦点,推动了相关技术的快速发展。本章重点介绍空间碎片减缓及主动移除领域所涉及的关键技术与基础技术,主要包括:翻滚目标运动特性分析与测量技术、空间机械臂动力学建模与控制技术、目标相对动力学建模技术、位姿耦合控制技术、翻滚目标主动移除地面试验验证技术、轨道并行计算加速技术等。

结合翻滚目标运动特性进行建模与仿真分析,推演其运动规律,采用形态重建与位姿估算技术,得到目标旋转角速度,为空间碎片主动移除提供输入信息。空间机械臂作为空间操作控制的主要载荷,可应用于空间碎片移除,研究自由漂浮空间机械臂系统动力学建模与控制技术,为目标的高效、稳定、可靠捕获提供基础。开展目标相对动力学建模研究,建立与目标的姿轨耦合模型,应用于空间碎片主动移除位姿一体化任务设计与分析,并采用近距离相对位姿耦合控制实施空间碎片主动移除任务。与空间在轨任务相比,地面验证试验需要解决轨道动力学模拟、空间与地面天地一致性、位姿六自由度运动耦合等问题,特别是针对翻滚目标,具有运动状态模拟难度大、相对速度与距离跨度大、跟踪停靠精度要求高等特点,需要综合采用多种技术途径应用虚实结合的方式解决,以满足翻滚目标主动移除地面试验验证要求。轨道并行计算加速方法可面向空间碎片再入损害评估问题,显著提升海量轨道数据演化与推演的效率,有效支撑空间碎片再入损害评估技术研究工作。

4.1　目标形态重建与位姿估算技术

4.1.1　翻滚目标形态重建技术

1. 自适应双目立体匹配技术

空间碎片目标在进行翻滚运动时,目标图像信息帧间的大位移及目标表面纹理的缺失都会给图像特征匹配带来困难,传统双目立体匹配很难对该类情况进行成功重建。同样,由于三维激光的角度分辨率低,也无法对该类情况下的图像信息进行准确的特征匹配。为解决这一难题,可采用一种弱纹理、大位移翻滚条件下的自适应重启随机游走的双目立体匹配技术,针对双目重建图像的弱纹理问题,通过梯度分析超像素分割等方法进行后处理,从而补全弱纹理部分的视差,能够抵消探测感知目标时光照变化、噪声等干扰信息的影响,准确测量物体弱纹理灰度信息并且缩短计算时间。

采用弱纹理、大位移翻滚条件下的自适应双目立体匹配技术对目标进行特征匹配的流程共分六步,具体技术实现途径如下。

1) 高斯滤波处理

采用高斯低通滤波器对获得图像的灰度信息进行高斯滤波处理。

2) 图像横向梯度和纵向梯度分析

首先分别求出双目视觉相机的横向梯度图和纵向梯度图,然后获得不同视差下的横向梯度差值和纵向梯度差值,最后进行求和处理。

3) 超像素分割

运用简单线性迭代聚类(simple linear iterative cluster, SLIC)超像素分割算法分别对双目视觉图像进行超像素分割。

4) 求出超像素平均匹配初始值

根据超像素分割子系统对双目图像分割的结果,对每个超像素内的基于像素的加权匹配代价求和,再除以像素的个数,求出每个超像素的平均初始值,这些初始值是基于像素的加权匹配代价计算得到的。

5) 进行优化处理

优化处理主要包括求解归一化矩阵、信息遮挡检测、非合作目标边缘保真度处理、迭代计算等步骤。

6) 加权相加后得到最优视差图

经过自适应重启随机游走算法优化计算后,对得到的基于超像素的代价矩阵和基于像素的加权匹配代价矩阵进行加权相加,得到最优视差图。

双目立体匹配算法基于图像特征提取和识别,在这一过程中,算法的计算速度和精确度至关重要。因此,提取特征点的数量要适中,过少的特征点会造成目标描述不全面、匹配难度大等问题。然而过多的特征点却会造成计算复杂度增加、运行时间过长等问题。现阶段常用的目标特征信息提取方法是尺度不变特征转换(scale-invariant feature transform, SIFT)方法,该方法提取的目标特征点信息是现阶段所使用的方法中质量最好的,提取特征点信息后的目标识别准确度较高,且算法对特征的描述也非常丰富,该方法广泛应用于三维重建中,但是运行时间较长。

为解决 SIFT 方法特征信息提取过程中的缺点,通过一种快速特征点提取和描述（oriented FAST and rotated BRIEF，ORB）算法进行补充提取识别。ORB 算法对目标特征信息的提取速度更快,其速度是 SIFT 方法的 10~100 倍,但 ORB 算法对目标特征点信息的描述较差,其在目标识别过程中仅使用二进制串描述特征点,会对后续的特征点匹配造成干扰。考虑到非合作目标特征信息提取及识别的实时性和准确性,需要将 SIFT 方法和 ORB 算法进行结合使用,尽可能减少两种方法的缺点,以满足任务要求。

2. 高精度多视角点云自主配准技术

在翻滚目标三维重构过程中,为解决目标遮挡或者灰度信息干扰等情况下引起的重构模型失真问题,应进行高精度多视角点云自主配准技术研究,通过可见光探测与激光高精度探测融合优化,利用计算机视觉理论及弱纹理、大位移翻滚条件下的自适应双目立体匹配技术,实现对目标及周围操作场景的感知重构。高精度多视角点云自主配准技术实现的主要步骤如下。

（1）建立双视角缺失点云配准问题的数学模型,设计包含重叠百分比系数和刚体变换的目标函数。

（2）设计局部收敛的缺失点云配准方法,并从理论上证明其具有局部收敛性。

（3）在局部收敛方法的基础上,提出全局收敛的缺失点云配准方法。当距离翻滚目标较远时,采用光学探测感知方式可以较为容易获得目标三维形态信息,具体的实施方案如下。

① 解决双目视觉探测信息缺失点云配准问题。获得可靠的双目视觉探测信息缺失点云配准的结果是解决多视角点云配准问题的前提条件,为了设计可靠的双目视觉探测信息点云配准算法,需要完成以下研究工作:首先建立缺失点云配准问题的数学模型,然后根据所建立的数学模型,设计局部收敛的配准方法,随后基于局部收敛的配准方法,实现全局收敛的配准。

② 建立多视角点云配准问题数学模型。在解决双目视觉探测信息点云配准问题时,可采用分层策略研究,先根据各种先验信息分析配准参数的初始值,将分析获得的配准初始值作为输入,设计局部收敛的配准算法优化目标函数,获得精确的配准参数。数学模型的设计包含如下两方面内容,分别为建立多视角点云配准问题的数学模型和分析多视角配准参数的初始值。

3. 目标特征局部信息配准与反演重构技术

在获取目标及场景信息的基础上进行目标特征信息及场景信息的局部配准,然后通过先验经验和局部建模快速匹配反演形成最终的目标及操作场景整体图像。

目标特征及操作场景信息的局部配准采用 SIFT 方法和 ORB 算法提取到图片的特征点信息后,从双目相机的图像中找到一对一的对应点,并对其进行匹配,从而得到对应点的视差,通过视差可以实现对目标及操作场景局部信息的配准和建模。

在目标及操作场景特征局部信息匹配过程中,会含有很多错误匹配点,因此需要去除错误匹配的特征点对。SIFT 方法采用随机一致性取样(random sample consensus, RANSAC)算法进行局部信息匹配,具有鲁棒性高的优点;ORB 算法引入基于网格的运动估计(gricl-based motion statistics, GMS)算法去除误匹配,具有解算速度快的优点,但会有错误匹配。因此,在对目标及操作场景进行局部信息匹配过程中,需要结合任务要求综合采用两种方法实现最优匹配。

获取目标的局部信息后,需要对多个目标局部信息进行快速匹配反推,具体流程如图 4-1 所示。

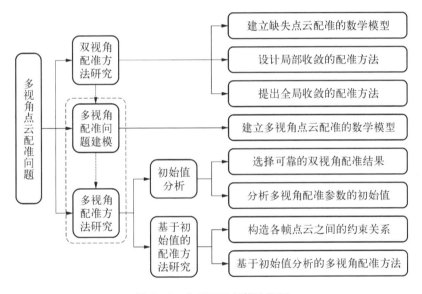

图 4-1　点云匹配反推流程图

1) 双视角配准方法搜索全局最优解

借助遗传算法从可能的解空间内搜索全局最优解。在借助遗传算法解决缺失点云配准问题时,需要明确并设计以下几项内容:待寻优参数及其可能的取值空间,编码方式,复制算子、交叉算子和变异算子等,然后利用粒子滤波搜索全局最优解。在利用粒子滤波解决缺失点云配准问题时,需要明确并设计以下几项内容:系统的状态和观测向量、系统状态的初始分布函数、系统的运动模型和观测模型、观测似然函数及重抽样策略。在设计搜索全局最优解算法的过程中,需要时刻关注算法的时间复杂度,以设计出高效的点云匹配反推方法。

2)分析多视角配准建模的初始值

采用创建连通图并获得生成树的方式分析多视角点云配准的初始值。创建出连通图后,可将代表第 1 帧点云的顶点作为起始点,并采用广度优先的方式搜索获得生成树。在生成树中,从起始节点开始,可以访问代表点云的任意顶点。获得生成树后,即可参照类似于顺序配准方法的方式分析获得多视角配准参数的初始值。在分析初始值时,需要解决边的创建及效率这两个重要问题。

3)设计多视角点云配准方法

采用分层策略解决多视角点云配准问题时,假设在底层的研究中已分析获得配准参数的初始值,则上层的研究中分别采用基于运动平均的多视角配准、基于迭代求解思想的多视角配准这两种多视角配准方法。

4.1.2　翻滚目标位姿估算技术

1. 目标旋转轴方向及旋转角速度跟踪技术

在目标跟踪计算过程中,需要实时获得目标的位姿信息,跟踪解算非合作目标的旋转轴方向及旋转角速度的过程中,采用卡尔曼(Kalman)滤波方法进行跟踪建模,其流程如图 4-2 所示。

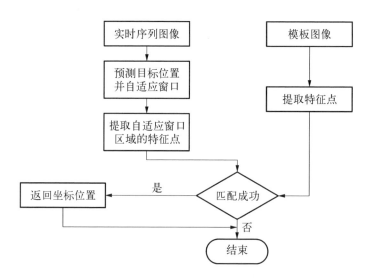

图 4-2　Kalman 滤波跟踪建模流程图

目标跟踪过程中,直接对场景中的所有内容进行匹配计算,寻找最佳匹配位置,需要处理大量的冗余信息,这样运算量比较大,而且没有必要。采用一定的搜索算法对未来时刻目标的位置状态进行估计假设,缩小目标搜索范围便具有了非常重要的意义,其中一类比较常用的方法是预测目标在下一帧捕获的图像内可能出现的位置,在其相关区域内寻找最优点。

在旋转轴方向及角速度解算方面,提取被测目标上的强特征点,如图 4-3 所示的 A 和 B。在下一时刻,提取出对应于上一时刻特征点 A、B 的特征点 A'、B';在下一时刻,继续提取对应的特征点 A''、B''。连接 A 和 A',作 AA' 的角平分线,连接 A' 和 A'',作 $A'A''$ 的角平分线,两条角平分线的角点为 A_0,即特征点 A 对应的中心。同理,求得特征点 B 对应的中心 B_0,连接 A_0 和 B_0 得到被测目标的自旋轴 A_0B_0。实际应用时,可提取多个强特征点,采用最小二乘法,剔除粗差,精确求得目标的自旋轴。在已知特征点的圆弧轨迹之后,也可轻易地求解出其角速度。

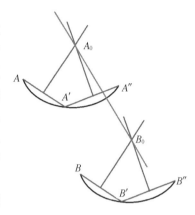

图 4-3 自旋轴及角速度
解算示意图

2. 强鲁棒的目标位姿估计技术

在获取目标的旋转轴轴向及旋转角速度的基础上,对目标位置和姿态信息进行跟踪探测的过程中,当目标进行不断地翻滚运动时,单次采集的数据必然存在较多噪声和干扰。采用传统的匹配方法,在缺失正确点云信息较多的前提下无法准确解算目标位姿信息。为解决这一问题,在目标的位姿估算过程中引入强鲁棒控制方法,通过差分进化,使点云配准所需的种群数据点分布在一个收敛的范围内,在点云重叠率较小的情况下获取全局最优解。

采用强鲁棒控制的目标位姿估计过程中,对于部分对应点集的配准问题,可以采用裁剪迭代最近点(trimmed iterative closest point, TrICP)算法处理,但是 TrICP 算法需要输入一个很好的初值,才不会使算法陷入局部最优的情况。差分进化算法是一种类似于遗传算法的可以求取全局最优解的优化算法,通过 TrICP 算法和差分进化算法的结合,可以解决选取初值的困难问题,并且可以求出全局最优的变换矩阵,然后采用鲁棒控制实现非合作目标位姿估计。差分进化算法流程如图 4-4 所示。

为解决目标探测感知过程中出现遮挡情况或者在灰度信息较多的条件下导致探测感知信息精度不高的问题,将 TrICP 算法与差分进化算法结合,进行点云配准,实现位姿解算估计的鲁棒控制,位姿解算估计的鲁棒控制流程如图 4-5 所示。

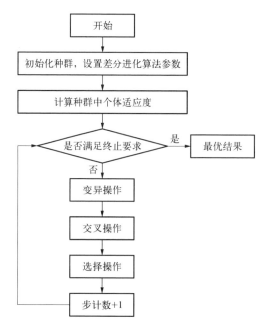

图 4 - 4　差分进化算法流程图

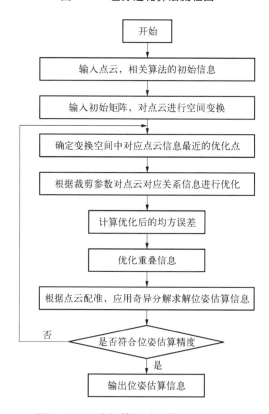

图 4 - 5　位姿解算估计鲁棒控制流程图

3. 基于三角剖分加速搜索的目标特征点位姿估算方法

在进行目标位姿估算过程中,目标特征点的搜索是一个重要环节,因为无论是强特征点(如圆面特征)搜索,或者点云特征点搜索,在空间任务过程中都需要确保实时性和准确性。如果特征点搜索的方法不适合,会延长获取目标特征点所需的时间或者捕获错误特征点后引入位姿估算。为解决这一问题,在目标特征点位姿估算过程中引入基于三角剖分原理的目标特征点搜索,确保目标特征点的搜索过程及时且准确。

传统的目标特征点搜索采用点对点的搜索策略,为确保目标特征点的搜索过程及时且准确,首先要建立两个点集之间的对应关系函数,然后引入优化策略来加快搜索算法解算。在搜索过程中,将特征点分为高维点集(点信息由三维数据或以上组成)和低维点集(点信息由二维数据或以下组成)两类。在进行高维点集的点搜索过程中,采用基于 Delaunay 三角化的 k - d 树最近点搜索算法进行搜索解算;在进行低维点集的点搜索过程中,直接采用 Delaunay 三角化最近点搜索算法进行搜索解算。

在已有的多种三角剖分的优化规则中,目前公认的具有最好几何拓扑性质的剖分就是符合 Delaunay 规则的三角剖分。Delaunay 三角剖分必须满足两个基本准则,其一是空圆特性,即在 Delaunay 三角形网中任一个三角形的外接圆范围内,不会有其他点存在;其二是最大化最小角特性,即在散点集可能形成的三角剖分中,Delaunay 三角剖分所形成的三角形的最小角最大。局部变换法和 Watson 算法是离散点集 Delaunay 三角剖分的常用算法,算法过程中逐点添加、局部优化是三角网格生成速度的重要影响因素。根据 Delaunay 三角剖分原理,可以构造出各种适用于该网格形状的搜索策略。

因此,基于 Delaunay 三角剖分加速搜索的目标特征点位姿估算方法的工作过程如下:建立完整的目标三维模型并完成目标模型的特征点数据库后,对目标进行跟踪解算,在跟踪目标的过程中,翻滚目标的位姿信息在不断发生改变,视角不同,则观测到的目标局部也不同。如果可以观测到目标的圆形特征,那么可以利用圆面特征对目标进行位姿估计;如果观察的圆面形态不够清晰,可以提取目标的其他特征点,若特征点的数量足够多,可以重建出其局部点云,那么可以利用点云配准的方法得到目标的相对空间位置;若提取的特征点数量较少,可以与特征点数据库进行对比,并求解出目标的空间位置,进而求解出与目标的相对运动信息。

4.2　自由漂浮空间机械臂系统动力学建模与控制技术

本节对一种自由漂浮模式空间机械臂系统显式运动学与动力学建模方法进行系统梳理,并在此基础上,分别从运动学和动力学两个层面开展机械臂与本体位姿的协调控制技术研究。

4.2.1　运动学与动力学建模

1. 系统运动学建模

考虑自由漂浮模式下的多机械臂系统,系统由本体及 N 个机械臂构成,如图 4-6 所示,机械臂的自由度分别为 $n_{\text{DOF}} = n_1$, n_2, $\cdots$, n_N [1,2]。

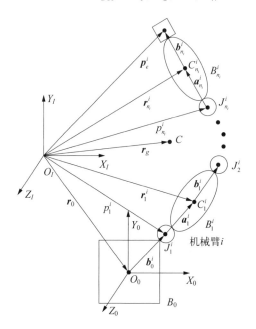

图 4-6　自由漂浮模式多机械臂系统

定义惯性坐标系及本体坐标系分别为 $O_I X_I Y_I Z_I$ 和 $O_0 X_0 Y_0 Z_0$,机械臂的各关节坐标系可表征为 $O_k^i X_k^i Y_k^i Z_k^i (k = 1, 2, \cdots, n, i = n_1, n_2, \cdots, n_N)$。

为便于建模,表 4-1 给出了所使用的多机械臂建模符号及变量说明。

表 4-1　多机械臂建模符号及变量说明

变　　量	说　　明
$r_k^i(k = 1, 2, \cdots, n_i, i = 1, 2, \cdots, n_N)$	机械臂 i 的第 k 个臂杆位置矢量
r_g	系统质心位置矢量
r_0	本体位置矢量
v_0、ω_0	本体线速度及角速度矢量

续　表

变　　量	说　　明
$\boldsymbol{p}_k^i(k=1,2,\cdots,n_i,\ i=1,2,\cdots,n_N)$	机械臂 i 的第 k 个关节位置矢量
$\boldsymbol{p}_e^i(i=1,2,\cdots,n_N)$	机械臂 i 的末端位置矢量
$\theta_k^i(k=1,2,\cdots,n_i,\ i=1,2,\cdots,n_N)$	机械臂 i 的第 k 个关节关节角
$\boldsymbol{\Theta}^i$	机械臂 i 的关节角矢量 $\boldsymbol{\Theta}^i=\begin{bmatrix}\theta_1 & \theta_2 & \cdots & \theta_{n_i}\end{bmatrix}^{\mathrm{T}}\in\mathscr{R}^{n_i}$
$\dot{\theta}_k^i(k=1,2,\cdots,n_i,\ i=1,2,\cdots,n_N)$	机械臂 i 的第 k 个关节角速度
$\dot{\boldsymbol{\Theta}}^i$	机械臂 i 的关节角速度矢量 $\dot{\boldsymbol{\Theta}}^i=\begin{bmatrix}\dot{\theta}_1 & \dot{\theta}_2 & \cdots & \dot{\theta}_{n_i}\end{bmatrix}^{\mathrm{T}}\in\mathscr{R}^{n_i}$
$\boldsymbol{a}_k^i$、$\boldsymbol{b}_k^i(k=1,2,\cdots,n_i,\ i=1,2,\cdots,n_N)$	机械臂 i 中从 J_k^i 至 C_k^i 及从 C_k^i 至 J_{k+1}^i 的位置矢量
$\boldsymbol{b}_0^i(i=A,B)$	机械臂 i 的关节 1 安装位置矢量
$m_k^i(k=1,2,\cdots,n_i,\ i=1,2,\cdots,n_N)$	机械臂 i 的关节 k 质量
M	系统质量
$\boldsymbol{I}_k^i(i=A,B)$	机械臂 i 的关节 k 惯性矩阵
$\boldsymbol{E}_k$	$k\times k$ 单位矩阵
$\boldsymbol{k}_j^i(k=1,2,\cdots,n_i,\ i=1,2,\cdots,n_N)$	机械臂 i 的第 j 个关节 J_j^i 的转轴矢量

第 i 个机械臂的第 k 个臂杆质心 C_k^i 的角速度与线速度满足如下公式：

$$\begin{cases}\boldsymbol{\omega}(C_k^i)=\boldsymbol{\omega}(J_k^i)\\ \boldsymbol{v}(C_k^i)=\boldsymbol{v}(J_k^i)+\boldsymbol{\omega}(J_k^i)\times\boldsymbol{a}_k^i=\boldsymbol{v}(J_k^i)-\boldsymbol{S}(\boldsymbol{a}_k^i)\boldsymbol{\omega}(J_k^i)\end{cases} \tag{4-1}$$

同时，相邻关节之间的角速度与线速度关系满足如下公式：

$$\begin{cases}\boldsymbol{\omega}(J_k^i)=\boldsymbol{\omega}(J_{k-1}^i)+\boldsymbol{h}_k^i\dot{\theta}_k^i\\ \boldsymbol{v}(J_k^i)=\boldsymbol{v}(J_{k-1}^i)+\boldsymbol{\omega}(J_{k-1}^i)\times\boldsymbol{l}_{k-1}^i\end{cases} \tag{4-2}$$

其中，

$$\boldsymbol{v}(J_0^i)=\boldsymbol{v}_0,\quad\boldsymbol{\omega}(J_0^i)=\boldsymbol{\omega}_0,\quad\boldsymbol{l}_0^i=\boldsymbol{b}_0^i \tag{4-3}$$

进一步，若定义：

$$V(C_k^i) = \begin{bmatrix} \boldsymbol{\omega}(C_k^i) \\ \boldsymbol{v}(C_k^i) \end{bmatrix}, \quad V(J_k^i) = \begin{bmatrix} \boldsymbol{\omega}(J_k^i) \\ \boldsymbol{v}(J_k^i) \end{bmatrix}, \quad V_0 = \begin{bmatrix} \boldsymbol{\omega}(J_0^i) \\ \boldsymbol{v}(J_0^i) \end{bmatrix} = \begin{bmatrix} \boldsymbol{\omega}_0 \\ \boldsymbol{v}_0 \end{bmatrix} \tag{4-4}$$

$$H_k^i = \begin{bmatrix} \boldsymbol{h}_k^i \\ \boldsymbol{0} \end{bmatrix}, \quad G(\boldsymbol{a}) = \begin{bmatrix} E & S(\boldsymbol{a}) \\ 0 & E \end{bmatrix}, \quad G^{\mathrm{T}}(\boldsymbol{a}) = \begin{bmatrix} E & 0 \\ S^{\mathrm{T}}(\boldsymbol{a}) & E \end{bmatrix}$$

那么,式(4-1)和式(4-2)可简化为

$$V(C_k^i) = G^{\mathrm{T}}(a_k^i) V(J_k^i) \tag{4-5}$$

$$V(J_k^i) = G^{\mathrm{T}}(l_{k-1}^i) V(J_{k-1}^i) + H_k^i \dot{\theta}_k^i \tag{4-6}$$

反复采用式(4-6),能够得到:

$$\begin{aligned} V(J_k^i) &= G^{\mathrm{T}}(l_{k-1}^i) V(J_{k-1}^i) + H_k^i \dot{\theta}_k^i \\ &= G^{\mathrm{T}}(l_{k-1}^i) \left[G^{\mathrm{T}}(l_{k-2}^i) V(J_{k-2}^i) + H_{k-1}^i \dot{\theta}_{k-1}^i \right] + H_k^i \dot{\theta}_k^i \\ &\quad \vdots \\ &= G^{\mathrm{T}}(l_{0(k-1)}^i) V_0 + G^{\mathrm{T}}[l_{1(k-1)}^i] H_1^i \dot{\theta}_1^i + \cdots + G^{\mathrm{T}}[l_{(k-1)}^i] H_{k-1}^i \dot{\theta}_{k-1}^i + H_k^i \dot{\theta}_k^i \end{aligned}$$

$$\tag{4-7}$$

其中,

$$G(l_{pq}^i) = G(l_p^i) G(l_{p+1}^i) \cdots G(l_q^i), \quad p \leqslant q, \, p, \, q = 1, \, 2, \, \cdots, \, n_i \tag{4-8}$$

那么,根据式(4-7)能够得到:

$$V^i = G_0^{i,\,\mathrm{T}} V_0 + G^{i,\,\mathrm{T}} H^i \dot{\boldsymbol{\Theta}}^i \tag{4-9}$$

随后,考虑到系统动量守恒,因此系统线动量可描述为

$$P = m_0 \boldsymbol{v}_0 + \sum_{i=1}^{N} \sum_{k=1}^{n_i} \left[m_k^i \boldsymbol{v}(C_k^i) \right] = P(0) \tag{4-10}$$

另外,系统角动量可描述为

$$L = I_0 \boldsymbol{\omega}_0 + \boldsymbol{r}_0 \times m_0 \boldsymbol{v}_0 + \sum_{i=1}^{N} \sum_{k=1}^{n_i} \left[I_k^i \boldsymbol{\omega}(C_k^i) + \boldsymbol{r}_k^i \times m_k^i \boldsymbol{v}(C_k^i) \right]$$

$$= I_0 \boldsymbol{\omega}_0 + \sum_{i=1}^{N} \sum_{k=1}^{n_i} I_k^i \boldsymbol{\omega}(C_k^i) + \sum_{i=1}^{N} \sum_{k=1}^{n_i} \left[m_k^i (\boldsymbol{r}_k^i - \boldsymbol{r}_0) \times \boldsymbol{v}(C_k^i) \right] + \boldsymbol{r}_0 \times P = L(0)$$

$$\tag{4-11}$$

应用式(4-1),并定义:

$$M^i = \mathrm{diag}\{ M(J_1^i), \, M(J_2^i), \, \cdots, \, M(J_{n_i}^i) \}$$

$$M(J_k^i) = \begin{bmatrix} I_k^i - m_k^i \hat{\boldsymbol{a}}_k^i \hat{\boldsymbol{a}}_k^i & m_k^i \hat{\boldsymbol{a}}_k^i \\ m_k^i \hat{\boldsymbol{a}}_k^{i,\,\mathrm{T}} & m_k^i E_3 \end{bmatrix}, \quad M_0 = \begin{bmatrix} I_0 & 0 \\ 0 & m_0 E_3 \end{bmatrix}$$

则进一步能够得到

$$
\begin{bmatrix} L \\ P \end{bmatrix} = M_0 V_0 + \sum_{i=1}^{N} \sum_{k=1}^{n_i} G[l_{0(k-1)}^i] M(J_k^i) V(J_k^i) + \begin{bmatrix} r_0 \times P(0) \\ 0 \end{bmatrix}
$$

$$
= M_0 V_0 + \sum_{i=1}^{N} G_0^i M^i V^i + \begin{bmatrix} r_0 \times P(0) \\ 0 \end{bmatrix} = \begin{bmatrix} L(0) \\ P(0) \end{bmatrix} \qquad (4-12)
$$

代入式(4-9),并定义:

$$
H_0 = \begin{bmatrix} L(0) & -r_0 \times P(0) \\ & P(0) \end{bmatrix} \qquad (4-13)
$$

能够得到运动学方程为

$$
\left(M_0 + \sum_{i=1}^{N} G_0^i M^i G_0^{i,\,\mathrm{T}} \right) V_0 + \sum_{i=1}^{N} G_0^i M^i G^{i,\,\mathrm{T}} H^i \boldsymbol{\Theta}^i = H_0 \qquad (4-14)
$$

若定义

$$
\begin{cases}
H_{bb} = M_0 + \sum_{i=1}^{N} G_0^i M^i G_0^{i,\,\mathrm{T}} \\
H_{bm}^i = G_0^i M^i G^{i,\,\mathrm{T}} H^i \\
H_{bm} = \begin{bmatrix} H_{bm}^1 & H_{bm}^2 & \cdots & H_{bm}^N \end{bmatrix} \\
\dot{\boldsymbol{\Theta}}^{\mathrm{T}} = \begin{bmatrix} \dot{\boldsymbol{\Theta}}^{1,\,\mathrm{T}} & \dot{\boldsymbol{\Theta}}^{2,\,\mathrm{T}} & \cdots & \dot{\boldsymbol{\Theta}}^{N,\,\mathrm{T}} \end{bmatrix}^{\mathrm{T}}
\end{cases} \qquad (4-15)
$$

则运动学方程可改写为

$$
H_{bb} V_0 + H_{bm} \dot{\boldsymbol{\Theta}} = H_0 \qquad (4-16)
$$

另外,机械臂本体的平动及转动运动学方程为

$$
\begin{cases}
\dot{q} = \dfrac{1}{2} N_q(q) \omega_0, \\
\dot{r}_0 = v_0
\end{cases}
\qquad
N_q(q) = \begin{bmatrix} -q_v^{\mathrm{T}} \\ q_0 E_3 + \tilde{q}_v \end{bmatrix} \qquad (4-17)
$$

其中,本体姿态以四元数表征。定义:

$$
X = \begin{bmatrix} q \\ r_0 \end{bmatrix} \in \mathscr{R}^7, \quad N(q) = \begin{bmatrix} \dfrac{1}{2} N_q(q) & 0 \\ 0 & E \end{bmatrix} \in \mathscr{R}^{7\times 6} \qquad (4-18)
$$

式(4-17)可以简化为

$$\dot{X} = N(q)V_0 \tag{4-19}$$

因此,式(4-16)和式(4-19)构成了自由漂浮模式空间多机械臂系统的显式运动学模型。

2. 系统动力学建模

传统空间机械臂动力学建模有两种主流方法:基于空间算子代数的迭代建模方法和欧拉-拉格朗日(Euler-Lagrange)动力学建模方法,前者聚焦于每个机械臂关节间的力作用关系,利用欧拉-牛顿(Euler-Newton)方程逐级构建机械臂系统的动力学方程,该方法能够显式表征机械臂模型,计算效率高,可推广至任意自由度的机械臂;后者从能量角度出发建立系统动能及势能方程,利用 Lagrange 方程建立机械臂动力学模型,该方法形式简洁,具备反对称性质,易于控制算法设计,但由于动力学方程为隐式表达,系数表达式随着机械臂自由度的提高而变得异常复杂。综上,上述两种方法各有利弊。

在此分析基础上,利用空间算子方法,采用迭代建模方式完成空间多机械臂动力学建模。首先,对式(4-6)求导,并定义:

$$\boldsymbol{\beta}(J_k^i) = \begin{bmatrix} \boldsymbol{\omega}(J_{k-1}^i) \times \boldsymbol{H}_k^i \dot{\theta}_k^i \\ \boldsymbol{\omega}(J_{k-1}^i) \times \boldsymbol{\omega}(J_{k-1}^i) \times \boldsymbol{l}_{k-1}^i \end{bmatrix} \tag{4-20}$$

能够得到:

$$\dot{\boldsymbol{V}}(J_k^i) = \boldsymbol{G}^{\mathrm{T}}(\boldsymbol{l}_{k-1}^i)\dot{\boldsymbol{V}}(J_{k-1}^i) + \boldsymbol{H}_k^i \ddot{\theta}_k^i + \boldsymbol{\beta}(J_k^i) \tag{4-21}$$

反复采用式(4-21),并定义 $\boldsymbol{\beta}^{i,\mathrm{T}} = \begin{bmatrix} \boldsymbol{\beta}^{\mathrm{T}}(J_1^i) & \boldsymbol{\beta}^{\mathrm{T}}(J_2^i) & \cdots & \boldsymbol{\beta}^{\mathrm{T}}(J_{n_i}^i) \end{bmatrix}^{\mathrm{T}}$,能够得到:

$$\dot{\boldsymbol{V}}^i = \boldsymbol{G}_0^{i,\mathrm{T}} \dot{\boldsymbol{V}}_0 + \boldsymbol{G}^{i,\mathrm{T}}(\boldsymbol{H}^i \ddot{\boldsymbol{\Theta}}^i + \boldsymbol{\beta}^i) \tag{4-22}$$

第 i 个机械臂的第 k 个关节 J_k^i 与相邻臂杆 C_k^i 间的力关系可表示为

$$\begin{cases} \boldsymbol{f}(J_k^i) = \boldsymbol{f}(C_k^i) \\ \boldsymbol{\tau}(J_k^i) = \boldsymbol{\tau}(C_k^i) + \boldsymbol{a}_k^i \times \boldsymbol{f}(C_k^i) = \boldsymbol{\tau}(C_k^i) + \boldsymbol{S}(\boldsymbol{a}_k^i)\boldsymbol{f}(C_k^i) \end{cases} \tag{4-23}$$

若定义:

$$\boldsymbol{F}(C_k^i) = \begin{bmatrix} \boldsymbol{\tau}(C_k^i) \\ \boldsymbol{f}(C_k^i) \end{bmatrix}, \quad \boldsymbol{F}(J_k^i) = \begin{bmatrix} \boldsymbol{\tau}(J_k^i) \\ \boldsymbol{f}(J_k^i) \end{bmatrix} \tag{4-24}$$

则式(4-23)能够简写为

$$\boldsymbol{F}(J_k^i) = \boldsymbol{G}(a_k^i)\boldsymbol{F}(C_k^i) \tag{4-25}$$

进一步, 第 i 个机械臂的第 k 个臂杆质心 C_k^i 的动量可表示为

$$P(C_k^i) = \begin{bmatrix} I_k^i \boldsymbol{\omega}(C_k^i) \\ m_k^i \boldsymbol{v}(C_k^i) \end{bmatrix} = \begin{bmatrix} I_k^i & \boldsymbol{0} \\ \boldsymbol{0} & m_k^i \boldsymbol{E} \end{bmatrix} \boldsymbol{V}(C_k^i) = \boldsymbol{M}(C_k^i) \boldsymbol{V}(C_k^i) \qquad (4-26)$$

对其求导能够得到:

$$\boldsymbol{F}(C_k^i) = \frac{\mathrm{d}}{\mathrm{d}t} \boldsymbol{P}(C_k^i) = \begin{bmatrix} I_k^i \dot{\boldsymbol{\omega}}(C_k^i) + \boldsymbol{\omega}(C_k^i) \times I_k^i \boldsymbol{\omega}(C_k^i) \\ m_k^i \dot{\boldsymbol{v}}(C_k^i) \end{bmatrix} = \boldsymbol{M}(C_k^i) \dot{\boldsymbol{V}}(C_k^i) + \boldsymbol{b}(C_k^i)$$

$$(4-27)$$

其中,

$$\boldsymbol{b}(C_k^i) = \begin{bmatrix} \boldsymbol{\omega}(C_k^i) \times I_k^i \boldsymbol{\omega}(C_k^i) \\ \boldsymbol{0} \end{bmatrix} \qquad (4-28)$$

另外, 能够得到第 i 个机械臂的第 k 个臂杆质心 C_k^i 的加速度 $\dot{\boldsymbol{V}}(C_k^i)$, 即

$$\begin{aligned} \dot{\boldsymbol{V}}(C_k^i) &= \begin{bmatrix} \dot{\boldsymbol{\omega}}(C_k^i) \\ \dot{\boldsymbol{v}}(C_k^i) \end{bmatrix} = \begin{bmatrix} \dot{\boldsymbol{\omega}}(J_k^i) \\ \dot{\boldsymbol{\omega}}(J_k^i) \times \boldsymbol{a}_k^i + \boldsymbol{\omega}(J_k^i) \times \boldsymbol{\omega}(J_k^i) \times \boldsymbol{a}_k^i + \dot{\boldsymbol{v}}(J_k^i) \end{bmatrix} \\ &= \begin{bmatrix} \boldsymbol{E} & \boldsymbol{0} \\ -\boldsymbol{a}_k^i & \boldsymbol{E} \end{bmatrix} \begin{bmatrix} \dot{\boldsymbol{\omega}}(J_k^i) \\ \dot{\boldsymbol{v}}(J_k^i) \end{bmatrix} + \begin{bmatrix} \boldsymbol{0} \\ \boldsymbol{\omega}(J_k^i) \times \boldsymbol{\omega}(J_k^i) \times \boldsymbol{a}_k^i \end{bmatrix} \\ &= \boldsymbol{G}^{\mathrm{T}}(\boldsymbol{a}_k^i) \boldsymbol{V}(J_k^i) + \boldsymbol{\alpha}(J_k^i) \end{aligned} \qquad (4-29)$$

其中,

$$\boldsymbol{\alpha}(J_k^i) = \begin{bmatrix} \boldsymbol{0} \\ \boldsymbol{\omega}(J_k^i) \times \boldsymbol{\omega}(J_k^i) \times \boldsymbol{a}_k^i \end{bmatrix} \qquad (4-30)$$

因此, 能够得到:

$$\begin{aligned} \boldsymbol{F}(J_k^i) &= \boldsymbol{G}(\boldsymbol{a}_k^i) [\boldsymbol{M}(C_k^i) \dot{\boldsymbol{V}}(C_k^i) + \boldsymbol{b}(C_k^i)] \\ &= \boldsymbol{G}(\boldsymbol{a}_k^i) \{ \boldsymbol{M}(C_k^i) [\boldsymbol{G}^{\mathrm{T}}(\boldsymbol{a}_k^i) \boldsymbol{V}(J_k^i) + \boldsymbol{\alpha}(J_k^i)] + \boldsymbol{b}(C_k^i) \} \\ &= \boldsymbol{G}(\boldsymbol{a}_k^i) \boldsymbol{M}(C_k^i) \boldsymbol{G}^{\mathrm{T}}(\boldsymbol{a}_k^i) \boldsymbol{V}(J_k^i) + \boldsymbol{G}(\boldsymbol{a}_k^i) [\boldsymbol{M}(C_k^i) \boldsymbol{\alpha}(J_k^i) + \boldsymbol{b}(C_k^i)] \quad (4-31) \end{aligned}$$

注意到:

$$\boldsymbol{G}(\boldsymbol{a}_k^i) \boldsymbol{M}(C_k^i) \boldsymbol{G}^{\mathrm{T}}(\boldsymbol{a}_k^i) = \begin{bmatrix} \boldsymbol{I}(J_k^i) & m_k^i \boldsymbol{S}(\boldsymbol{a}_k^i) \\ m_k^i \boldsymbol{S}^{\mathrm{T}}(\boldsymbol{a}_k^i) & m_k^i \boldsymbol{E} \end{bmatrix} = \boldsymbol{M}(J_k^i) \qquad (4-32)$$

式(4-31)中,

$$G(a_k^i)[M(C_k^i)\alpha(J_k^i) + b(C_k^i)] = \begin{Bmatrix} S[\omega(J_k^i)]I(J_k^i)\omega(J_k^i) \\ m_k^i S[\omega(J_k^i)]S[\omega(J_k^i)]a_k^i \end{Bmatrix} \triangleq b(J_k^i)$$

$$(4-33)$$

同时考虑到第 $k+1$ 个关节会对第 k 个关节存在力与力矩的作用,则有

$$F(J_k^i) = G(l_k^i)F(J_{k+1}^i) + M(J_k^i)\dot{V}(J_k^i) + b(J_k^i) \qquad (4-34)$$

式中, $l_k^i = a_k^i + b_k^i$。

反复采用式(4-34),能够得到:

$$F(J_k^i) = G(l_{kn_i}^i)F(J_{n_i+1}^i) + G[l_{k(n_i-1)}^i]\{M(J_{n_i}^i)\dot{V}(J_{n_i}^i) + b(J_{n_i}^i)\}$$
$$+ \cdots + G(l_k^i)\{M(J_{k+1}^i)\dot{V}(J_{k+1}^i) + b(J_{k+1}^i)\} + M(J_k^i)\dot{V}(J_k^i) + b(J_k^i)$$

$$(4-35)$$

因此,若定义:

$$F^i = \begin{bmatrix} F(J_1^i) \\ F(J_2^i) \\ \vdots \\ F(J_{n_i-1}^i) \\ F(J_{n_i}^i) \end{bmatrix}, \quad G_n^i = \begin{bmatrix} G(l_{1n_i}^i) \\ G(l_{2n_i}^i) \\ \vdots \\ G(l_{(n_i-1)n_i}^i) \\ G(l_{n_i}^i) \end{bmatrix}, \quad b^i = \begin{bmatrix} b(J_1^i) \\ b(J_2^i) \\ \vdots \\ b(J_{n_i-1}^i) \\ b(J_{n_i}^i) \end{bmatrix}, \quad \tau_c^i = \begin{bmatrix} \tau_c(J_1^i) \\ \tau_c(J_2^i) \\ \vdots \\ \tau_c(J_{n_i-1}^i) \\ \tau_c(J_{n_i}^i) \end{bmatrix}$$

$$(4-36)$$

那么,能够得到:

$$F^i = G^i(M^i\dot{V}^i + b^i) + G_n^i F(J_{n_i+1}^i) \qquad (4-37)$$

第 i 个机械臂关节动力学可表示为

$$\tau_c^i = H^{i,T}G^iM^iG_0^{i,T}\dot{V}_0 + H^{i,T}G^iM^iG^{i,T}H^i\ddot{\Theta}^i$$
$$+ H^{i,T}G^iM^iG^{i,T}\beta^i + H^{i,T}G^ib^i + H^{i,T}G_n^iF(J_{n_i+1}^i) \qquad (4-38)$$

另外,航天器本体动力学可由如下公式计算:

$$F_0 = \begin{Bmatrix} I_0\dot{\omega}_0 + \omega_0 \times I_0\omega_0 + \sum_{i=1}^n [\tau(J_1^i) + l_0^i \times f(J_1^i)] \\ m_0\dot{v}_0 + f(J_1^i) \end{Bmatrix}$$
$$= M_0\dot{V}_0 + b_0 + \sum_{i=1}^n [G(l_0^i)F(J_1^i)] \qquad (4-39)$$

注意到,采用式(4-35),有

$$G(l_0^i)F(J_1^i) = G_0^i M^i G_0^{i,\,\mathrm{T}} \dot{V}_0 + G_0^i M^i G^{i,\,\mathrm{T}} H^i \ddot{\Theta}^i + G_0^i M^i G^{i,\,\mathrm{T}} \boldsymbol{\beta}^i$$
$$+ G_0^i b^i + G(l_{0n_i}^i)F(J_{n_i+1}^i) \tag{4-40}$$

因此,式(4-39)可改写为

$$F_0 = \left[M_0 + \sum_{i=1}^{n}(G_0^i M^i G_0^{i,\,\mathrm{T}}) \right] \dot{V}_0 + \sum_{i=1}^{n}(G_0^i M^i G^{i,\,\mathrm{T}} H^i)\ddot{\Theta}^i$$
$$+ b_0 + \sum_{i=1}^{n}(G_0^i M^i G^{i,\,\mathrm{T}} \boldsymbol{\beta}^i + G_0^i b^i) + \sum_{i=1}^{n}G(l_0^i)\left[\prod_{k=1}^{n_i}G(l_k^i)F(J_{n_i+1}^i) \right] \tag{4-41}$$

式(4-38)和式(4-41)构成了多臂航天器系统动力学模型。

特别地,针对 $\boldsymbol{\beta}(J_k^i)$ 和 $b(J_k)$,提出两个向量分解:

$$\boldsymbol{\beta}(J_k^i) = \dot{H}_k^i \dot{\theta}_k^i + \dot{G}^{\mathrm{T}}(l_{k-1}^i)V_0 + \dot{G}^{\mathrm{T}}(l_{k-1}^i)\overline{H}_{k-1}^i \dot{\Theta} \tag{4-42}$$

$$b(J_k^i) = B(J_k^i)V_0 + B(J_k^i)\overline{H}_{k-1}^i \dot{\Theta}^i + B(J_k^i)H_k^i \dot{\theta}_k^i \tag{4-43}$$

那么,可将动力学模型中的向量进行化简,并定义如下矩阵:

$$\begin{cases} C_{bb}^i = G_0^i M^i G^{i,\,\mathrm{T}} G_l^{i,\,\mathrm{T}} + G_0^i B_V^i \\ C_{bm}^i = G_0^i M^i G^{i,\,\mathrm{T}}(\dot{H}^i + G_L^{i,\,\mathrm{T}}\overline{H}^i) + G_0^i B^i(\overline{H}^i + H^i) \\ C_{mb}^i = H^{i,\,\mathrm{T}} G^{i,\,\mathrm{T}}(M^i G^{i,\,\mathrm{T}} G_l^{i,\,\mathrm{T}} + B_V^i) \\ C_{mm}^i = H^{i,\,\mathrm{T}} G^{i,\,\mathrm{T}}[M^i G^{i,\,\mathrm{T}}(\dot{H}^i + G_L^{i,\,\mathrm{T}}\overline{H}^i) + B^i(\overline{H}^i + H^i)] \end{cases} \tag{4-44}$$

以及

$$H_{mm}^i = H^{i,\,\mathrm{T}} G^i M^i G^{i,\,\mathrm{T}} H^i \tag{4-45}$$

同时,不考虑末端与本体受力,那么式(4-38)和式(4-41)可化简为

$$H_{bb}\dot{V}_0 + \sum_{i=1}^{n}H_{bm}^i \ddot{\Theta}^i + \left(B_0 + \sum_{i=1}^{n}C_{bb}^i\right)V_0 + \sum_{i=1}^{n}C_{bm}^i \dot{\Theta}^i = 0 \tag{4-46}$$

$$H_{bm}^{i,\,\mathrm{T}}\dot{V}_0 + H_{mm}^i \ddot{\Theta}^i + C_{mb}^i V_0 + C_{mm}^i \dot{\Theta}^i = \boldsymbol{\tau}_c^i, \quad i = 1, 2, \cdots, N \tag{4-47}$$

进一步,若定义:

$$H_{mm} = \begin{bmatrix} H_{mm}^1 & & \\ & \ddots & \\ & & H_{mm}^N \end{bmatrix}, \quad C_{mb} = \begin{bmatrix} C_{mb}^1 \\ \vdots \\ C_{mb}^N \end{bmatrix}, \quad C_{mm} = \begin{bmatrix} C_{mm}^1 & & \\ & \ddots & \\ & & C_{mm}^N \end{bmatrix}$$

$$C_{bb} = B_0 + \sum_{i=1}^{N} C_{bb}^i, \quad C_{bm} = \begin{bmatrix} C_{bm}^1 & C_{bm}^2 & \cdots & C_{bm}^N \end{bmatrix} \tag{4-48}$$

则式(4-46)和式(4-47)可进一步分别简化为

$$H_{bb}\dot{V}_0 + H_{bm}\ddot{\Theta} + C_{bb}V_0 + C_{bm}\dot{\Theta} = 0 \tag{4-49}$$

$$H_{bm}^T\dot{V}_0 + H_{mm}\ddot{\Theta} + C_{mb}V_0 + C_{mm}\dot{\Theta} = \tau_c \tag{4-50}$$

因此,式(4-49)和式(4-50)构成了无外力扰动下的空间多机械臂系统动力学模型,该模型复合传统的 Euler-Lagrange 建模框架,并能够保证系统动力学矩阵满足反对称性质。可以看出,所提出的多机械臂建模技术,融合了传统的 Newton-Euler 迭代建模和 Euler-Lagrange 建模方法的优势,在一般化显式建模的基础上,同时保留了系统的反对称性质,有利于控制算法设计。

3. 机械臂与本体耦合运动分析

基于奇异值理论,构建机械臂运动对本体扰动的影响关系如下[3-5]:

$$\frac{\|q - q_s\|}{\|\dot{\Theta}\|} \leqslant \sigma_{max}(G_r), \quad \frac{\|\dot{r}_0\|}{\|\dot{\Theta}\|} \leqslant \sigma_{max}(G_t)$$

通过分析可知,机械臂驱动能力与机械臂构型,以及机械臂和航天器本体的质量和尺寸有关。基于上述分析,通过两个工况(单机械臂驱动情形和双机械臂驱动情形)开展上述因素对驱动控制能力的影响分析,可以得到下述结论。

(1)与机械臂相比,航天器本体的质量和尺寸对机械臂的驱动能力影响较大。

(2)杆件质量和尺寸对驱动能力的影响趋势与机械臂布局有关。

(3)采用相同数目的相同关节,双机械臂驱动策略能够获得更强的控制能力。

4.2.2 协调运动规划与动力学控制研究

1. 多机械臂系统的自适应多约束协调运动规划研究

1)考虑关节运动受限的机械臂系统快速协调规划

基于前述运动学模型,考虑了关节角速度约束及系统未知参数影响,以关节角速度作为控制输入,提出了下述基于投影函数的自适应本体位姿稳定控制方案[2]。

给定三个正定矩阵 K_r、$K_q \in \mathscr{R}^{3\times3}$,以及 $\Gamma \in \mathscr{R}^{7(n+1)\times7(n+1)}$,得下述控制律:

$$\dot{\Theta}_c = \hat{H}_{bm}^\dagger \left(\hat{H}_b \begin{bmatrix} K_r r_0 \\ K_q q_v \end{bmatrix} + \dot{\hat{H}}_0 \right) \tag{4-51}$$

式中,$\hat{H}_{bm}^\dagger$ 是矩阵 $\hat{H}_{bm}$ 的广义逆,能够确保本体位姿扰动 r_0、q_v 渐进趋于零。

适应律如下:

$$\dot{\hat{\boldsymbol{\beta}}} = \mathrm{Proj}\left\{ - \boldsymbol{\Gamma}(\boldsymbol{Y}_1 + \boldsymbol{Y}_2 - \boldsymbol{Y}_3)^{\mathrm{T}}\hat{\boldsymbol{H}}_b^{-\mathrm{T}}\begin{bmatrix}\boldsymbol{r}_0 \\ \boldsymbol{q}_v\end{bmatrix}\right\} \tag{4 - 52}$$

另外,若选取矩阵 $\boldsymbol{K}_r$、$\boldsymbol{K}_q$、$\boldsymbol{\Gamma}$ 满足下述不等式:

$$\parallel \hat{\boldsymbol{H}}_{bm} \parallel (k\sqrt{2V_m}\parallel \hat{\boldsymbol{H}}_b \parallel + \parallel \hat{\boldsymbol{H}}_0 \parallel) \leqslant \sigma_{\min}(\hat{\boldsymbol{H}}_{bm})\theta_m \tag{4 - 53}$$

式中, $k = \sigma_{\max}\{\mathrm{diag}\{\boldsymbol{K}_r, \boldsymbol{K}_q\}\}$, 并且有

$$V_m = \frac{1}{2}\boldsymbol{r}_0^{\mathrm{T}}(0)\boldsymbol{r}_0(0) + 2[1 - q_0(0)] + \frac{1}{2}(\boldsymbol{\beta}_{\max} - \boldsymbol{\beta}_{\min})^{\mathrm{T}}\boldsymbol{\Gamma}^{-1}(\boldsymbol{\beta}_{\max} - \boldsymbol{\beta}_{\min})$$

$$\tag{4 - 54}$$

那么能够保证关节运动满足如下约束:

$$\parallel \dot{\boldsymbol{\Theta}}_c \parallel_{\max} \leqslant \theta_m$$

以一个飞行器二维平面运动算例验证所提出控制算法的有效性,本体质量特性设定为

$$m_0 = 25\ \mathrm{kg}, \quad I_0 = 2.5\ \mathrm{kg} \cdot \mathrm{m}^2$$

机械臂 1 关节在本体的位置矢量设定为 $\boldsymbol{b}_0 = [0.5 \quad 0]^{\mathrm{T}}$,机械臂关节角速度上限设定为 $\theta_m = 60°/\mathrm{s}$。

图 4 - 7 给出了仿真结果,由本体位姿变化曲线可以看出,尽管存在未知质量特性参数,本体位姿扰动在所设计的机械臂关节指令角速度控制下能够以较好的动态性能趋于零,达到位姿镇定的控制目的。

2)考虑碰撞约束的双机械臂系统快速协调规划

通过前述控制能力分析对比,采用双机械臂可获得更强的本体位姿稳定能力,而针对双机械臂情形,在提出基于轨迹跟踪思想的位姿一体化有限时间控制方案的基础上,进一步提出了"面分割"和"包络球"的方法处理了分析双臂运动过程中存在两类自碰撞约束,并提出如下控制流程[6]。

(1)初始化:确定本体线速度与角速度,以及当前机械臂各关节角,计算初始动量;确定控制矩阵和本体外接球半径 R。

(2)轨迹规划确定:确定位姿调整时间 T_r,并初选参考轨迹多项式阶数为 $n = 4$,根据扰动收敛参考轨迹,确定机械臂关节角速度参考轨迹。

(3)约束处理:根据步骤(2)确定关节参考轨迹,计算各臂杆和各关节的参考运动轨迹,并逐点判断是否满足避障约束,若满足,则进入步骤(4);若不满足,则将多项式阶数提升 1,即 $n = n + 1$,并返回至步骤(2),并设计冗余多项式系数,直至满足避障约束。

(4)控制实现:根据参考轨迹实时计算位姿误差并构建控制律,确定指令关节角速度,用于控制系统位姿变化,直至运动结束。

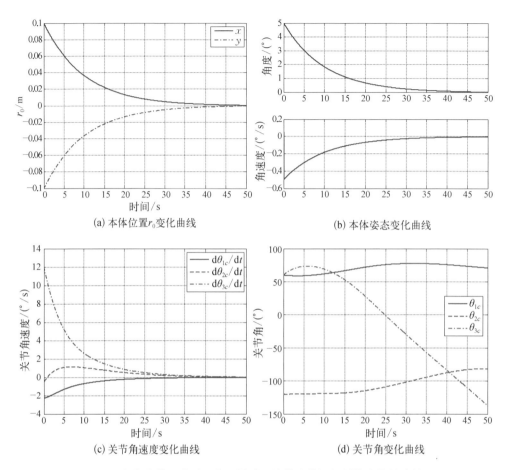

(a) 本体位置r_0变化曲线

(b) 本体姿态变化曲线

(c) 关节角速度变化曲线

(d) 关节角变化曲线

图 4-7   考虑关节运动受限的机械臂系统快速协调规划的姿控仿真结果

图 4-8 给出了一个仿真算例。通过本体位姿扰动变化曲线可以看出,在给定的控制方案作用下,位姿误差收敛到零。通过关节角与关节角速度[图 4-8(d) 和(e)上下两图分别对应机械臂 A 和机械臂 B]的变化曲线可以看出,其动态性能良好,且满足关节幅值约束。在每个仿真采样点,能够找到分割面确保机械臂之间不会发生碰撞。考虑碰撞约束的双机械臂系统的特征点系统变化见图 4-9。

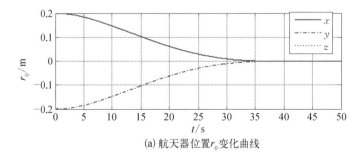

(a) 航天器位置r_0变化曲线

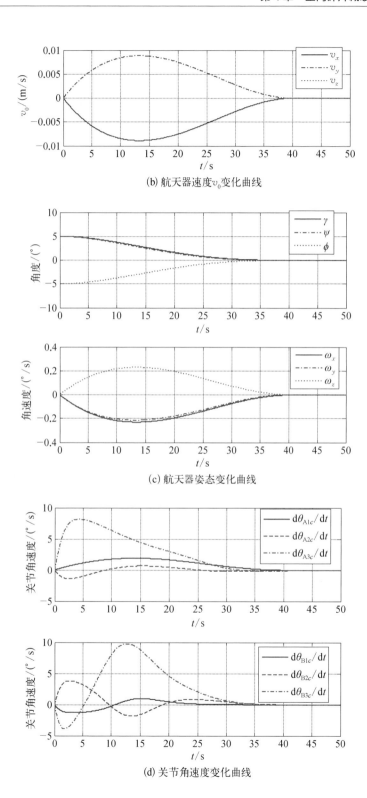

(b) 航天器速度 v_0 变化曲线

(c) 航天器姿态变化曲线

(d) 关节角速度变化曲线

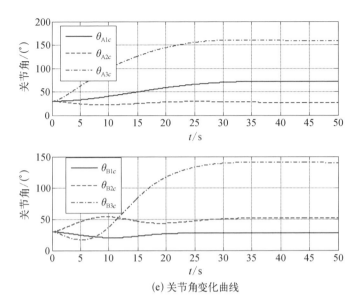

(e) 关节角变化曲线

图 4-8　考虑碰撞约束的双机械臂系统快速协调规划的姿控仿真结果

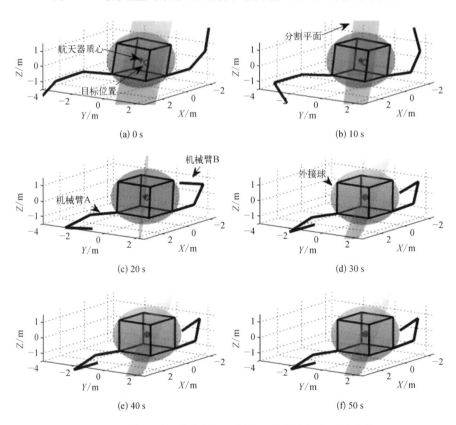

(a) 0 s

(b) 10 s

(c) 20 s

(d) 30 s

(e) 40 s

(f) 50 s

图 4-9　考虑碰撞约束的双机械臂系统的特征点系统变化

2. 多机械臂系统的自适应协调控制研究

在动力学层面,航天器位姿运动与机械臂运动耦合严重,特别是惯性矩阵因过于复杂而无法实现对角化,航天器广义加速度与机械臂角加速度无法解耦,导致基于传统非线性控制算法设计的控制律会含有航天器加速度信息,这会导致高频噪声的引入,带来控制精度的下降,因而需要避免对加速度信息的直接使用。为此,本小节在前期动力学建模的基础上,设计了参考轨迹自适应跟踪控制律,创新性地针对质量特性参数与臂杆质心位置参数未知的情形,完成推导了机械臂动力学的显式回归矩阵,构建了下述自适应协调控制方案[4]:

$$
\begin{cases}
\boldsymbol{\tau}_c = -\boldsymbol{K}_m \dot{\tilde{\boldsymbol{\Theta}}} + \hat{\boldsymbol{H}}_{bm}^{\mathrm{T}} \hat{\boldsymbol{H}}_{bb}^{-\mathrm{T}} \boldsymbol{N}^{\mathrm{T}}(\tilde{\boldsymbol{q}}) \tilde{\boldsymbol{X}} + \hat{\boldsymbol{H}}_{bm}^{\mathrm{T}} \dot{\boldsymbol{V}}_c + \hat{\boldsymbol{H}}_{mm} \ddot{\boldsymbol{\Theta}}_c + \hat{\boldsymbol{C}}_{mb} \boldsymbol{V}_c + \hat{\boldsymbol{C}}_{mm} \dot{\boldsymbol{\Theta}}_c \\
\dot{\hat{\boldsymbol{\xi}}} = -\boldsymbol{\Gamma}_1 \big[\boldsymbol{Y}_a^{\mathrm{T}} \hat{\boldsymbol{H}}_{bb}^{-\mathrm{T}} \boldsymbol{N}^{\mathrm{T}}(\tilde{\boldsymbol{q}}) \tilde{\boldsymbol{X}} + \boldsymbol{Y}_b^{\mathrm{T}} \tilde{\boldsymbol{V}} + \boldsymbol{Y}_m^{\mathrm{T}} \dot{\tilde{\boldsymbol{\Theta}}} \big] \\
\dot{\hat{\boldsymbol{H}}}_0 = \boldsymbol{\Gamma}_2 \boldsymbol{Y}_h^{\mathrm{T}} \boldsymbol{N}^{\mathrm{T}}(\tilde{\boldsymbol{q}}) \tilde{\boldsymbol{X}}
\end{cases}
$$

式中, $\ddot{\boldsymbol{\Theta}}_c$ 由如下公式计算:

$$
\hat{\boldsymbol{H}}_{bb} \dot{\boldsymbol{V}}_c + \hat{\boldsymbol{H}}_{bm} \ddot{\boldsymbol{\Theta}}_c + \hat{\boldsymbol{C}}_{bb} \boldsymbol{V}_c + \hat{\boldsymbol{C}}_{bm} \dot{\boldsymbol{\Theta}}_c = \boldsymbol{K}_b \tilde{\boldsymbol{V}}
$$

为验证上述控制方案的有效性,考虑一个立方形航天器,携带两部四自由度的机械臂,如图 4 - 10 所示。

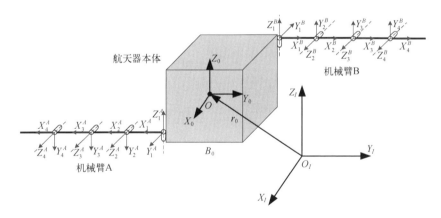

图 4 - 10　携带两部四自由度的机械臂立方形航天器建模示意

图 4 - 11 给出了仿真结果。从本体位姿扰动变化曲线[图 4.11(a)和(b)]可以看出,本体位姿误差在系统存在不确定参数的情况下能够收敛到零。而且,系统性能在不同 T_r 下表现相似。从机械臂的关节角速度和关节力矩变化曲线[图 4 - 11(c)和(d),从上到下分别为关节 1~关节 4]可以看出,机械臂运动性能良好。同时从图 4 - 11(c)可以看出, T_r (单位为 s)越小,关节运动幅度越大。从关节控制力矩变化曲线[图 4 - 11(d)]可以看出,控制力矩曲线变化良好,且无超调。而且,较小的 T_r 虽然能够保证快速镇定,但会引起较大的控制代价。

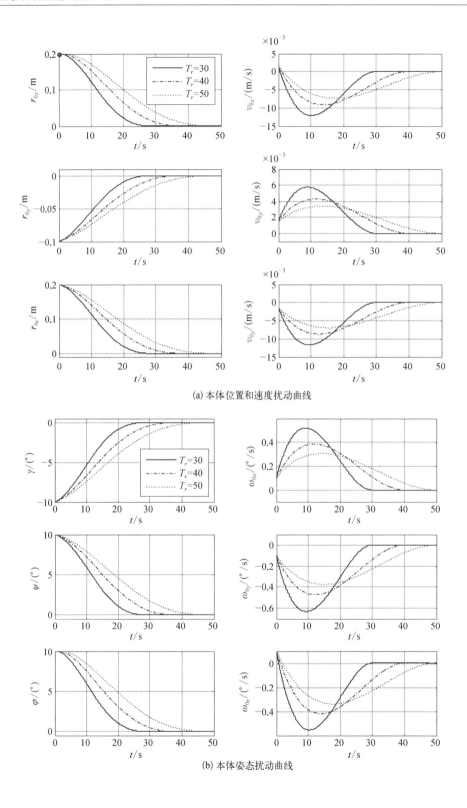

(a) 本体位置和速度扰动曲线

(b) 本体姿态扰动曲线

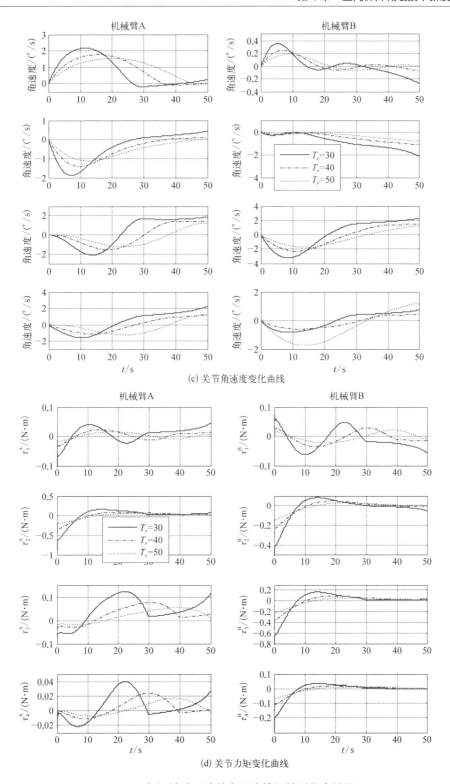

(c) 关节角速度变化曲线

(d) 关节力矩变化曲线

图 4-11　多机械臂系统的自适应协调控制仿真结果

图 4 - 12 给出了 $T_r = 50\text{ s}$ 时系统组件的三维变化,从图中可以看出:本体位姿扰动在收敛过程中,机械臂在容许范围内运动,且无碰撞风险。

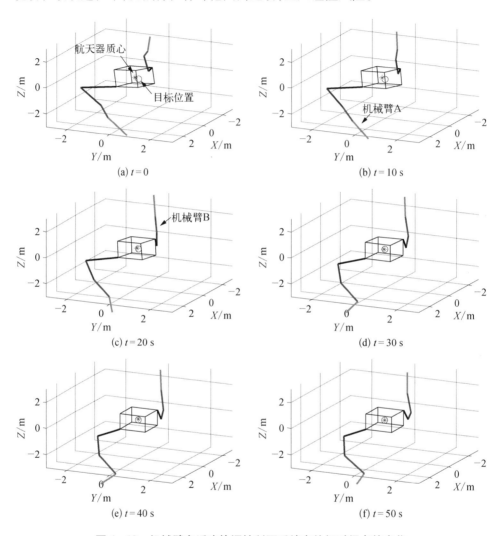

图 4 - 12　机械臂自适应协调控制下系统在特征时间点的变化

4.3　空间翻滚目标位姿耦合建模与运动特性分析

空间失效航天器与太空碎片对正常运行的航天器来说是极大的威胁,发生碰撞会产生严重的后果。与传统的航天器的交会对接与编队飞行不同的是,这一类目标器不能提供自身的姿轨信息,其行为难以预测,可能会有翻滚等复杂运动状态,在任务过程中,航天器与翻滚目标之间保持相对超近距离运动,航天器与非合作目标间的相对位置和相对姿态互为耦合,使得空间操作的安全性受到威胁,姿态和轨道控制需要同时考虑[7]。

翻滚是空间目标姿态运动的一种形式,在轨目标处于翻滚状态时,可以看作一个无外力矩绕心做定点运动的刚体,这种运动的解与翻滚目标的自身性质(如质量、惯量分布)及初始状态有关。为了掌握目标器的运动状态,便于绕飞与悬停任务设计,需要对不同条件下的翻滚目标的解进行研究。

为了使轨道根数和姿态参数在表示相对运动时统一起来,学者们尝试用新的数学工具进行姿态和轨道的统一建模。Brodsky[8]基于 Pennock 等[9]和 Adams 等[10]对旋量理论的研究,首先讨论了对偶惯性算子的本质和物理特性,然后使用对偶惯性算子和 motor 变换规则得到了对偶动量、对偶角动量、对偶力的一般表示形式,并基于这些定义推导了以三维对偶形式表示的刚体动力学的牛顿-欧拉方程,这为航天器一般性空间运动的研究和分析提供了理论基础。

在进一步的理论研究上,Wang 等[11,12]推导了用单位对偶四元数表示的刚体转动和平动的动力学模型,他指出单位对偶四元数是单位四元数的自然扩展,能够同时表示旋转和平移,齐次变换矩阵要用 16 个数来表示空间的一般运动,而对偶四元数仅仅需要 8 个数。另外,在计算效率上,对偶四元数也高于齐次变换矩阵。在应用研究上,Wu 等[13]使用对偶四元数来设计捷联惯性导航算法,并指出对偶四元数是同时表示刚体转动和平动最简洁和最有效的数学工具;Wang 等[14]基于对偶四元数分别推导了交会对接最终段和两个航天器编队飞行的六自由度相对运动模型;Zhang 等[15]详细地推导了基于对偶四元数的刚体航天器平动和转动组合的跟踪误差模型。

使用对偶数和旋量可以将刚体运动的平动部分与转动部分结合于一个框架之下,本节将使用简单的模型,使用经典力学公式推导,得到由对偶数表示的牛顿-欧拉方程,该方程形式上与欧拉方程具有相似性,并且可以直观看到姿轨耦合项的影响。

在对空间翻滚目标执行在轨任务前,需要对其运动状态进行分析。对于非合作目标,在无法获得其准确本体参数的条件下,需要根据其运动数据对其参数进行识别与估计,因此对翻滚目标的典型运动形式及其条件的分类格外重要。首先,本节将对翻滚目标进行分类,对不同类别的目标的基本性质进行划分;在此基础上,应用位姿耦合动力学方程建立模型,分析在轨翻滚刚体的运动特点;最后给出三种典型的姿态运动方式,并使用仿真举例说明其条件。

4.3.1　空间翻滚目标的分类及特征

根据任务对象的不同,可将空间翻滚目标分为正常工作航天器、受碰撞(功能受损,需要维修)航天器或空间碎片失控航天器、小行星等空间自然物体。由于针对这四类目标的任务各不相同,而且要考虑到各类目标的特性差异,翻滚带来的姿轨耦合程度也有所不同,在面对空间翻滚目标问题时,要根据其特点进行分类,包括翻滚原因、惯量阵特征、质量、翻滚速率、耦合性及任务目的。表4-2为本节给出的空间翻滚目标特征分类,供参考。

表4-2　空间翻滚目标特征分类

特　征	正常工作航天器	受碰撞航天器或空间碎片	失控航天器	空间星体
翻滚原因	受控翻滚	碰撞冲量引起翻滚	姿态失控	自然翻滚
惯量阵特征	对称体,$J_x = J_y$	质量分布不对称,$J_x \neq J_y$	对称体,$J_x = J_y$	质量分布不均匀,惯量阵非对角阵
质量	10^4 kg 级	10^3 kg 级	10^4 kg 级	10^{10} kg 级
翻滚速度	一般	快	一般	慢
姿轨耦合性	弱	强	一般	一般
任务目的	对接	移除	维修	采样

4.3.2　空间目标位姿耦合动力学模型

本节采用对偶数与旋量的概念进行刚体的动力学方程推导,基于传统的理论力学原理,与新概念相结合,得到的结果表达形式简洁,物理意义明确,易于进行姿轨耦合分析及一体化的任务设计。

刚体在三维空间的运动均可以表示为绕一轴线的旋转与沿该轴的平移,因此可将六维空间的向量称为一个旋量,映射一个三维刚体运动。几何上用六维列向量表示,代数上可用对偶数表示,形式如下:

$$\hat{\alpha} = \alpha + \varepsilon\alpha' \qquad (4-55)$$

式中,α 和 α' 分别称为主部和副部,或称为实部和对偶部,在表示物理量时,主部表示平移相关的量,副部表示旋转相关的量;ε 为对偶单位,其性质为

$$\varepsilon \neq 0, \quad \varepsilon^2 = 0 \qquad (4-56)$$

设质量为 m、质心为 C 的卫星在轨道上运行,并带有翻滚,如图4-13所示。建立卫星的本体坐标系 S_B,原点位于点 C,X、Y、Z 轴分别为卫星的三个惯量主轴,惯性坐标系 S_I 的原点为 O。

将卫星视作刚体,则在时刻 t,S_B 的运动状态由刚体的角速度矢量及 t 时刻点 C 的线速度矢量表示:

$$\boldsymbol{\omega} = \begin{bmatrix} \omega_x & \omega_y & \omega_z \end{bmatrix}^{\mathrm{T}} \quad (4-57)$$

$$\boldsymbol{V}_C = \begin{bmatrix} V_x & V_y & V_z \end{bmatrix}^{\mathrm{T}} \quad (4-58)$$

速度 $\boldsymbol{V}$ 与参考点有关,角速度 $\boldsymbol{\omega}$ 与参考点无关,因此 $\boldsymbol{V}$ 与 $\boldsymbol{\omega}$ 可构成以 C 为参考点的速度旋量,记为

$$\hat{\boldsymbol{\omega}} = \boldsymbol{\omega} + \varepsilon \boldsymbol{V}_C \quad (4-59)$$

由纯力 $\boldsymbol{F}$ 及与该力作用线平行的力偶 $\boldsymbol{T}$ 组成的力,称为作用在旋量轴线上的力的旋量,简称力旋量。用对偶数表示,则为对偶力,记为

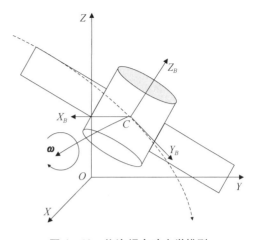

图 4-13　位姿耦合动力学模型

$$\hat{\boldsymbol{F}} = \boldsymbol{F} + \varepsilon \boldsymbol{T} \quad (4-60)$$

对于航天器,作用在其上的力可分为控制力 $\boldsymbol{F}_u$、地球引力 $\boldsymbol{F}_g$、扰动力 $\boldsymbol{F}_d$,力矩可分为控制力矩 $\boldsymbol{T}_u$、重力梯度力矩 $\boldsymbol{T}_g$ 和扰动力矩 $\boldsymbol{T}_d$。将这些力和力矩用对偶力的概念统一起来,则作用在追踪航天器(简称追踪器)上的合外对偶力为

$$\hat{\boldsymbol{F}} = \hat{\boldsymbol{F}}_u + \hat{\boldsymbol{F}}_g + \hat{\boldsymbol{F}}_d \quad (4-61)$$

定义对偶惯性算子,由对偶质量算子与对偶惯量算子组成,记为

$$\hat{\boldsymbol{M}} = m\frac{\mathrm{d}}{\mathrm{d}\varepsilon}\boldsymbol{I} + \varepsilon \boldsymbol{J} \quad (4-62)$$

定义刚体的对偶动量:

$$\hat{\boldsymbol{H}} = \hat{\boldsymbol{M}}\hat{\boldsymbol{\omega}} \quad (4-63)$$

则根据式(4-63)可导出

$$\begin{aligned}
\hat{\boldsymbol{H}} &= \hat{\boldsymbol{M}}\hat{\boldsymbol{\omega}} \\
&= \left(m\frac{\mathrm{d}}{\mathrm{d}\varepsilon}\boldsymbol{I} + \varepsilon \boldsymbol{J} \right)(\boldsymbol{\omega} + \varepsilon \boldsymbol{V}) \\
&= m\boldsymbol{V}_C + \varepsilon \boldsymbol{J}\boldsymbol{\omega} \\
&= \boldsymbol{P}_C + \varepsilon \boldsymbol{H}
\end{aligned} \quad (4-64)$$

根据动量与动量矩定理:

$$\begin{cases}
\boldsymbol{F} = \dfrac{\mathrm{d}\boldsymbol{P}}{\mathrm{d}t} = \dot{\boldsymbol{P}} + \boldsymbol{\omega} \times \boldsymbol{P} \\[2mm]
\boldsymbol{T} = \dfrac{\mathrm{d}\boldsymbol{H}}{\mathrm{d}t} = \dot{\boldsymbol{H}} + \boldsymbol{\omega} \times \boldsymbol{H}
\end{cases} \quad (4-65)$$

有

$$
\begin{aligned}
\hat{F} &= F + \varepsilon T \\
&= \dot{P} + \boldsymbol{\omega} \times P + \varepsilon(\dot{H} + \boldsymbol{\omega} \times H) \\
&= \dot{P} + \varepsilon\dot{H} + \boldsymbol{\omega} \times P + \varepsilon(\boldsymbol{\omega} \times H) \\
&= (\dot{P} + \varepsilon\dot{H}) + \boldsymbol{\omega} \times P + \varepsilon(\boldsymbol{\omega} \times H) + \varepsilon(V \times P) + \varepsilon V \times \varepsilon H \\
&= (\dot{P} + \varepsilon\dot{H}) + (\boldsymbol{\omega} + \varepsilon V_C) \times (P + \varepsilon H) \\
&= \dot{\hat{H}} + \hat{V} \times \hat{H}
\end{aligned}
\tag{4-66}
$$

式(4-66)即为对偶力与对偶动量的关系式。根据矢量积运算规则改写为矩阵方程式,得到:

$$
\begin{aligned}
\hat{F} &= \dot{\hat{H}} + \hat{V} \times \hat{H} \\
&= \begin{bmatrix} \dot{\hat{H}}_x \\ \dot{\hat{H}}_y \\ \dot{\hat{H}}_z \end{bmatrix} + \begin{bmatrix} 0 & -\hat{V}_z & \hat{V}_y \\ \hat{V}_z & 0 & \hat{V}_x \\ -\hat{V}_y & \hat{V}_x & 0 \end{bmatrix} \begin{bmatrix} \hat{H}_x \\ \hat{H}_y \\ \hat{H}_z \end{bmatrix} \\
&= \begin{bmatrix} \dot{\hat{H}}_x - \hat{V}_z\hat{H}_y + \hat{V}_y\hat{H}_z \\ \dot{\hat{H}}_y + \hat{V}_z\hat{H}_x + \hat{V}_x\hat{H}_z \\ \dot{\hat{H}}_z - \hat{V}_y\hat{H}_x + \hat{V}_x\hat{H}_y \end{bmatrix}
\end{aligned}
\tag{4-67}
$$

式(4-67)称为刚体的对偶欧拉方程,它是刚体做一般运动的动力学对偶表达式,可以用来分析空间翻滚目标的动力学问题。

4.3.3　空间翻滚目标运动特性分析

将式(4-60)展开为实数部分与对偶部分:

$$
\begin{aligned}
\begin{bmatrix} F \\ \varepsilon T \end{bmatrix} &= \begin{bmatrix} \mathbf{0}_{3\times3} & m\dfrac{\mathrm{d}}{\mathrm{d}\varepsilon}I_{3\times3} \\ \varepsilon J_C & \mathbf{0}_{3\times3} \end{bmatrix} \begin{bmatrix} \dot{\boldsymbol{\omega}} \\ \varepsilon\dot{v} \end{bmatrix} + \begin{bmatrix} \boldsymbol{\omega}^{\times} & \mathbf{0}_{3\times3} \\ \varepsilon v^{\times} & \boldsymbol{\omega}^{\times} \end{bmatrix} \begin{bmatrix} \mathbf{0}_{3\times3} & m\dfrac{\mathrm{d}}{\mathrm{d}\varepsilon}I_{3\times3} \\ \varepsilon J_C & \mathbf{0}_{3\times3} \end{bmatrix} \begin{bmatrix} \boldsymbol{\omega} \\ \varepsilon v \end{bmatrix} \\
&= \begin{bmatrix} m\dot{v} \\ \varepsilon J_C\dot{\boldsymbol{\omega}} \end{bmatrix} + \begin{bmatrix} \boldsymbol{\omega}^{\times} & \mathbf{0}_{3\times3} \\ \varepsilon v^{\times} & \boldsymbol{\omega}^{\times} \end{bmatrix} \begin{bmatrix} mv \\ \varepsilon J_C\boldsymbol{\omega} \end{bmatrix}
\end{aligned}
\tag{4-68}
$$

得到:

$$
\begin{cases} F = m\dot{v} + \boldsymbol{\omega}^{\times}mv \\ T = J_C\dot{\boldsymbol{\omega}} + \boldsymbol{\omega}^{\times}J_C\boldsymbol{\omega} \end{cases}
\tag{4-69}
$$

上述两组方程是相互耦合的,当采用传统方法研究航天器姿态运动时,通常将姿态运动对轨道运动的影响略去不计,且在分析姿态运动参数时,把轨道运动参数当作已知量,作这样的简化假设后,便可对姿态运动方程单独进行积分计算。进行解耦后的姿态运动方程即欧拉方程,由式(4-69)可以看出,它是对偶动力学方程的一部分。由式(4-69)可以看出,在以下情况,翻滚目标的运动位姿耦合最为显著:① 目标器与追踪器的距离较近(几十米到几百米)时,此时平移量与旋转量处于相近的数量级,耦合项与非耦合项幅值接近;② 目标器的质量与惯量较大时,姿态运动导致的动量与角动量较大,对应的耦合量也较大;③ 目标器存在复杂的姿态变化时,角速度项多变使得耦合项多变,影响其幅值及方向。

对于无外力矩刚体的姿态运动问题,其解析解与几何解在理论力学中已有结论,其中的一般情形称为欧拉-潘索情形,其角速度轨迹在两个椭球的交线上。对于在轨自由运动的刚体,其受力主要为各天体的引力、引力梯度矩,其中以地球的引力与引力梯度矩为主,其余项可当作环境干扰与力矩处理。引力梯度矩的值很小,并且工程上的航天器的质心与重心可近似重合,因此在短时间内可忽略。但在长期的轨道的运行条件下,其对姿态积累的影响将变得十分显著。

针对在轨翻滚刚体的运动特点,以在轨翻滚航天器为例,假设轨道高度为430 km,质量为74 783 kg,处于圆轨道上做姿态运动。通过设定不同的惯量矩阵、初始姿态、角速度的状态,根据刚体定点运动规律,分以下三种情形进行举例分析。

1. 在轨定轴转动情形

(1) $J_x = J_y = J_z$ 时,过原点的任意轴都具有定向性。

(2) $J_x = J_y \neq J_z$ 时,z 轴与 Oxy 平面的过原点的任意轴都具有定向性。

(3) $J_x \neq J_y \neq J_z$ 时,具有定向性的转轴只有三个惯量主轴。

现使用对偶动力学模型,对定轴转动情形进行数值仿真。以航天器本体坐标系作为计算坐标系,取

$$J_x = J_y = J_z = 3 \times 10^6 \, \text{kg} \cdot \text{m}^2, \quad \omega_0 = \begin{bmatrix} 0 & 0 & \dfrac{\pi}{5} \end{bmatrix} \text{rad/s}, \quad \theta = \begin{bmatrix} \dfrac{\pi}{3} & \dfrac{\pi}{4} & 0 \end{bmatrix}$$

仿真结果如图 4-14 和图 4-15 所示。

当满足定轴转动条件时,航天器转轴方向在惯性空间保持不变,且当转轴为 z 轴时,旋转刚体受扰动后仍能保持在原来的方向近旁运动,或渐趋于原来的方向。正常工作的航天器往往处于定轴转动状态。由于惯量矩阵的三个分量相同,航天器受到的重力梯度力矩为 0,因此航天器角速度基本不变,做定轴转动。

2. 在轨规则进动

在此情形下,$J_x = J_z \neq J_y$ 或 $J_y = J_z \neq J_x$,且角速度初值不与惯量轴重合。取

$$J_x = J_z = 3 \times 10^6 \, \text{kg} \cdot \text{m}^2, \; J_y = 4 \times 10^6 \, \text{kg} \cdot \text{m}^2, \; \omega_0 = \begin{bmatrix} \dfrac{\pi}{3} & \dfrac{\pi}{4} & 0 \end{bmatrix} \text{rad/s}, \; \theta =$$

$\begin{bmatrix} 0 & \dfrac{\pi}{6} & 0 \end{bmatrix}$,其余条件不变,结果如图 4-16~图 4-18 所示。

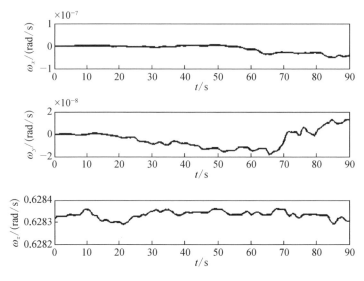

图 4-14　航天器角速度(在轨定轴转动)

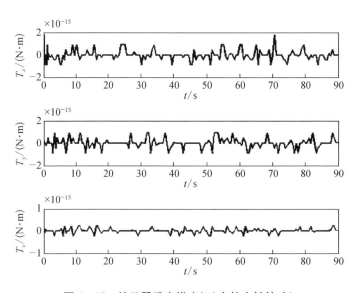

图 4-15　航天器重力梯度矩(在轨定轴转动)

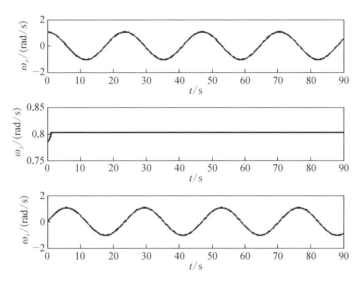

图 4-16　航天器角速度(在轨规则进动)

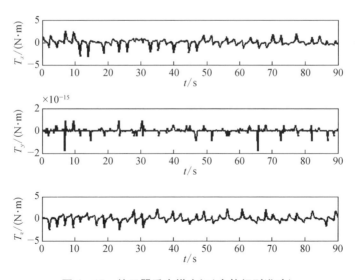

图 4-17　航天器重力梯度矩(在轨规则进动)

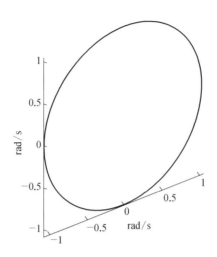

图 4-18　航天器角速度矢径(在轨规则进动)

可以看出:当航天器角速度发生异常,但结构完好的情况下,航天器可能会规则进动,而这种角速度异常会由姿控系统故障引起。本例中,航天器进动周期为 20 s,角速度矢量轨迹在本体坐标系上为一个圆形,重力梯度矩在 x、y 轴上在零附近波动,而在 z 轴上进行周期变化。

3. 欧拉-潘索运动

此情形下,$J_x \neq J_y \neq J_z$ 且角速度初值不与惯量轴重合。取 $J_x = 2 \times 10^6 \, \text{kg} \cdot \text{m}^2$,$J_y = 3 \times 10^6 \, \text{kg} \cdot \text{m}^2$,$J_z = 4 \times 10^6 \, \text{kg} \cdot \text{m}^2$,$\omega_0 = \begin{bmatrix} 0 & \dfrac{\pi}{3} & \dfrac{\pi}{4} \end{bmatrix}$,$\theta = \begin{bmatrix} 0 & \dfrac{\pi}{6} & 0 \end{bmatrix}$,其余条件不变,结果如图 4-19 和图 4-20 所示。

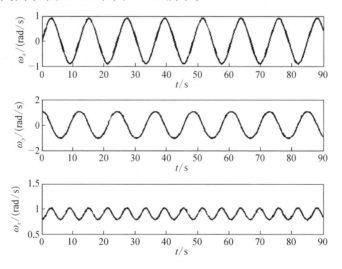

图 4-19　航天器角速度(欧拉-潘索运动)

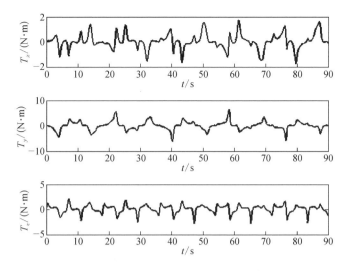

图 4 - 20　航天器重力梯度矩（欧拉-潘索运动）

对于不规则物体与随机状态，欧拉-潘索状态为最为普遍的运动状态。空间翻滚目标有大量的空间碎片及小行星体，其质量与形状很不规则，姿态运动由碰撞产生，有很强的随机性，因此这类目标通常做欧拉-潘索运动。由结果可以看出，受到重力梯度矩的影响后，航天器 z 方向的角速度呈周期变化，结合进动效果后，角速度的轨迹在本体坐标系中表现为马鞍面边际线，见图 4 - 21。

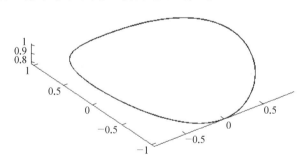

图 4 - 21　归一化角速度

4.3.4　小结

空间翻滚目标在轨道上虽然受到引力与环境干扰力的影响，但其姿态运动方式依然可以按照无外力矩刚体定点运动规律划分，这对空间目标运动的识别与参数估计拥有重要参考意义。本节使用对偶数作为运动参数的表达形式，其输入输出均为六维，为了得到更加精确的结果，仿真需要较高的运算精度，否则误差项的耦合放大会有很大影响，因此不宜直接对该模型进行简单的数值仿真，而需要进行更深入的理论研究。

4.4 基于对偶双环滑模的空间翻滚目标相对绕飞控制

空间故障或失效航天器、太空碎片、空间星体等在轨目标是一类重要的在轨服务对象,在进行对接、维修、抓捕、观测等任务时,目标的翻滚给工作带来了很大的难度。与传统的空间飞行器位姿跟踪控制不同的是,在空间翻滚目标的捕获任务中,由于目标的非合作性,无法获得精确的位置姿态测量信息,如果直接对不精确的估计位姿进行跟踪,势必会对航天器的跟踪精度造成影响。其次,在空间翻滚目标抓捕的过程中,航天器与非合作目标之间保持相对超近距离运动,航天器与非合作目标间的相对位置和相对姿态互为耦合,使得空间操作的安全性受到威胁,姿态和轨道控制需要同时考虑,从而间接地对其控制系统提出了更高的要求。近年来的相关研究也都围绕翻滚目标的特性与耦合控制来进行。刘宗明等[16]针对空间翻滚目标相对姿态的精确测量,提出了基于视觉词袋的非合作目标闭环检测策略。郭永等[17]针对非合作的失控航天器,利用蔓叶线建立了避障模型,并使用滑模控制方法进行了交会对接的姿轨耦合控制。刘欢等[18]针对空间碎片的抓捕问题,使用轨道根数法与 C - W 方程分别设计了绕飞轨道,但未考虑二者的姿态影响。本节将建立位姿一体化描述的相对动力学模型,并使用以对偶数为变量的双环滑模控制方法进行相对空间翻滚目标的绕飞控制,并在绕飞过程中保持姿态的同步[19]。

4.4.1 旋量、对偶四元数的运算

定义如下运算。

1. 对偶四元数积

$$\hat{\boldsymbol{P}} \circ \hat{\boldsymbol{Q}} = \begin{bmatrix} p_r^+ & \mathbf{0}_{4\times4} \\ p_d^+ & p_d^+ \end{bmatrix} \begin{bmatrix} q_r \\ q_d \end{bmatrix} = \begin{bmatrix} q_r^- & \mathbf{0}_{4\times4} \\ q_d^- & q_d^- \end{bmatrix} \begin{bmatrix} p_r \\ p_d \end{bmatrix} \tag{4-70}$$

式中,四元数积用"∘"表示;在矩阵运算中,下标 r 表示对偶四元数的主部,下标 d 表示对偶四元数的副部。

四元数乘法的矩阵运算公式为

$$
\begin{aligned}
p \circ q = [p^+][q] &= \begin{bmatrix} p_0 & -p_1 & -p_2 & -p_3 \\ p_1 & p_0 & -p_3 & p_2 \\ p_2 & p_3 & p_0 & -p_1 \\ p_3 & -p_2 & p_1 & p_0 \end{bmatrix} \begin{bmatrix} q_0 \\ q_1 \\ q_2 \\ q_3 \end{bmatrix} \\
&= [q^-][p] = \begin{bmatrix} q_0 & -q_1 & -q_2 & -q_3 \\ q_1 & q_0 & -q_3 & q_2 \\ q_2 & q_3 & q_0 & -q_1 \\ q_3 & -q_2 & q_1 & q_0 \end{bmatrix} \begin{bmatrix} p_0 \\ p_1 \\ p_2 \\ p_3 \end{bmatrix}
\end{aligned}
\tag{4-71}
$$

2. 对偶数模

对偶数模用 $\parallel\ \parallel^2$ 表示，其运算为

$$\parallel \hat{a} \parallel^2 = \hat{a} \odot \hat{a} = a_r^{\mathrm{T}} a_r + a_d^{\mathrm{T}} a_d = \sum a_i^2 \qquad (4-72)$$

式中，"$\odot$"为新定义的对偶四元数乘法。

3. 对偶互补算子

$$\frac{\mathrm{d}}{\mathrm{d}\varepsilon} \hat{a} = \frac{\mathrm{d}}{\mathrm{d}\varepsilon}(a_r + \varepsilon a_d) = a_d \qquad (4-73)$$

4. 对偶数叉乘用"×"表示，其矩阵运算公式为

$$\hat{a} \times \hat{b} = \begin{bmatrix} a_r^{\times} & \mathbf{0}_{3\times 3} \\ a_d^{\times} & a_r^{\times} \end{bmatrix} \begin{bmatrix} b_r \\ b_d \end{bmatrix} \qquad (4-74)$$

4.4.2　航天器位姿耦合动力学模型

坐标系定义如下。

1. 地心惯性坐标系 $O_I X_I Y_I Z_I$

坐标原点位于地心 O_I，$O_I X_I$ 轴在赤道面内指向春分点方向，$O_I Z_I$ 轴指向地球自转角速度方向，$O_I Y_I$ 轴与其余两轴构成右手正交坐标系。

2. 航天器本体坐标系 $O_P X_B Y_B Z_B$ 和 $O_C X_B Y_B Z_B$

坐标系原点位于航天器的质心，三个坐标轴的方向分别与航天器的惯性主轴重合。追踪器及其本体坐标系用 P 表示，目标器及其本体坐标系用 C 表示，惯性坐标系用 I 表示，如图 4 - 22 所示。

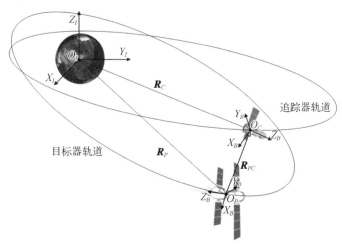

图 4 - 22　航天器在轨相对运动模型

C 的角速度在其自身本体坐标系下表示为 $\boldsymbol{\omega}_C^C$，P 的角速度在其自身本体坐标系下表示为 $\boldsymbol{\omega}_P^P$。坐标系 C 原点相对惯性坐标系的位置矢量表示为 $\boldsymbol{R}_C^C$，坐标系 P 原点相对 i 的位置矢量表示为 $\boldsymbol{R}_P^P$。P、C 相对 i 的姿态四元数表示为 q_P 和 q_C。

追踪器 P 相对 i 的对偶四元数为

$$\hat{q}_P = q_P + \varepsilon \frac{1}{2} q_P \circ \boldsymbol{R}_P^P \qquad (4-75)$$

目标器 C 相对惯性坐标系的对偶四元数为

$$\hat{q}_C = q_C + \varepsilon \frac{1}{2} q_C \circ \boldsymbol{R}_C^C \qquad (4-76)$$

这两个对偶四元数表达了 P、C 坐标系与惯性坐标系的转换关系。将式 (4-75) 和式 (4-76) 对时间进行微分，得

$$\begin{cases} \dot{\hat{q}}_C = \dot{q}_C + \varepsilon \frac{1}{2} (\dot{q}_C \circ \boldsymbol{R}_C^C + q_C \circ \dot{\boldsymbol{R}}_C^C) \\ \dot{\hat{q}}_P = \dot{q}_P + \varepsilon \frac{1}{2} (\dot{q}_P \circ \boldsymbol{R}_P^P + q_P \circ \dot{\boldsymbol{R}}_P^P) \end{cases} \qquad (4-77)$$

代入 $\dot{q} = \frac{1}{2} q \circ \omega$ 得

$$\begin{cases} \dot{\hat{q}}_P = \frac{1}{2} q_P \circ \boldsymbol{\omega}_P^P + \varepsilon \frac{1}{4} (q_P \circ \boldsymbol{\omega}_P^P \circ \boldsymbol{R}_P^P + 2 q_P \circ \dot{\boldsymbol{R}}_P^P) \\ \dot{\hat{q}}_C = \frac{1}{2} q_C \circ \boldsymbol{\omega}_C^C + \varepsilon \frac{1}{4} (q_C \circ \boldsymbol{\omega}_C^C \circ \boldsymbol{R}_C^C + 2 q_C \circ \dot{\boldsymbol{R}}_C^C) \end{cases} \qquad (4-78)$$

由四元数乘法性质：

$$p \circ q - q \circ p = 2(\overline{p} \times \overline{q}) \qquad (4-79)$$

式中，$\overline{q}$ 与 $\overline{p}$ 为四元数的矢量部分。

可得

$$\begin{aligned} \dot{\hat{q}}_P &= \frac{1}{2} q_P \circ \boldsymbol{\omega}_P^P + \varepsilon \frac{1}{4} [q_P \circ \boldsymbol{R}_P^P \circ \boldsymbol{\omega}_P^P + 2 q_p \circ (\boldsymbol{\omega}_P^P \times \boldsymbol{R}_P^P) + 2 q_P \circ \dot{\boldsymbol{R}}_P^P] \\ &= \frac{1}{2} (q_P + \varepsilon \frac{1}{2} q_P \circ \boldsymbol{R}_P^P) \circ [\boldsymbol{\omega}_P^P + \varepsilon (\boldsymbol{\omega}_P^P \times \boldsymbol{R}_P^P + \dot{\boldsymbol{R}}_P^P)] \\ &= \frac{1}{2} \hat{q}_P \circ \hat{\boldsymbol{\omega}}_P^P \end{aligned} \qquad (4-80)$$

以及

$$\dot{\hat{q}}_C = \frac{1}{2}\hat{q}_C \circ \hat{\boldsymbol{\omega}}_C^C \tag{4-81}$$

式(4-80)与式(4-81)即为追踪器 P 与目标器 C 在各自本体坐标系下的运动方程,其中 $\hat{\boldsymbol{\omega}}_P^P$ 与 $\hat{\boldsymbol{\omega}}_C^C$ 同时包含了航天器的轨道与姿态运动信息。

为了描述追踪器相对目标器的相对运动,定义相对运动对偶四元数 $\hat{q}_{PC}$:

$$\hat{q}_{PC} = \hat{q}_C^* \circ \hat{q}_P \tag{4-82}$$

记追踪器 P 相对目标器 C 的位置向量为 $\boldsymbol{R}_{PC}$,表示在 C 本体坐标系下即 $\boldsymbol{R}_{PC}^C$,则有

$$\boldsymbol{R}_{PC}^C = \boldsymbol{R}_P^C - \boldsymbol{R}_C^C = q_{PC}^* \circ \boldsymbol{R}_P^P \circ q_{PC} - \boldsymbol{R}_C^C \tag{4-83}$$

将式(4-82)展开得

$$\begin{aligned}
\hat{q}_{PC} &= \hat{q}_C^* \circ \hat{q}_P \\
&= \left(q_C^* - \varepsilon\,\frac{1}{2}q_C^* \circ \boldsymbol{R}_C^i\right) \circ \left(q_P + \varepsilon\,\frac{1}{2}\boldsymbol{R}_P^i \circ q_P\right) \\
&= q_C^* \circ q_P + \varepsilon\,\frac{1}{2}q_C^* \circ \boldsymbol{R}_P^i \circ q_P - \varepsilon\,\frac{1}{2}q_C^* \circ \boldsymbol{R}_C^i \circ q_P \\
&= q_{PC} + \varepsilon\,\frac{1}{2}q_C^* \circ (\boldsymbol{R}_P^i - \boldsymbol{R}_C^i) \circ q_P \\
&= q_{PC} + \varepsilon\,\frac{1}{2}q_C^* \circ \boldsymbol{R}_{PC}^i \circ q_P \\
&= q_{PC} + \varepsilon\,\frac{1}{2}q_C^* \circ q_C \circ \boldsymbol{R}_{PC}^C \circ q_C^* \circ q_P \\
&= q_{PC} + \varepsilon\,\frac{1}{2}\boldsymbol{R}_{PC}^C \circ q_{PC} \tag{4-84}
\end{aligned}$$

类似地,有

$$\hat{q}_{PC} = q_{PC} + \varepsilon\,\frac{1}{2}q_{PC} \circ \boldsymbol{R}_{PC}^P \tag{4-85}$$

式(4-85)的相对位置矢量表示在追踪器本体坐标系中,便于计算控制力。

再对式(4-85)两边微分,得

$$\dot{\hat{q}}_{PC} = \frac{1}{2}(\hat{q}_{PC} \circ \hat{\boldsymbol{\omega}}_P^P \circ \hat{q}_{PC}^* - \hat{\boldsymbol{\omega}}_C^C) \circ \hat{q}_{PC} \tag{4-86}$$

定义：

$$\hat{\boldsymbol{\omega}}_{PC}^{C} = \hat{q}_{PC} \circ \hat{\boldsymbol{\omega}}_{P}^{P} \circ \hat{q}_{PC}^{*} - \hat{\boldsymbol{\omega}}_{C}^{C} \tag{4-87}$$

式（4-87）为追踪器 P 相对目标器 C 的速度对偶数在 C 的本体坐标系下的表示，则有

$$\dot{\hat{q}}_{PC} = \frac{1}{2} \hat{\boldsymbol{\omega}}_{PC}^{C} \circ \hat{q}_{PC} \tag{4-88}$$

对式（4-87）求导得

$$\begin{aligned}
\dot{\hat{\boldsymbol{\omega}}}_{PC}^{C} &= \dot{\hat{q}}_{PC} \circ \hat{\boldsymbol{\omega}}_{P}^{P} \circ \hat{q}_{PC}^{*} + \hat{q}_{PC} \circ \dot{\hat{\boldsymbol{\omega}}}_{P}^{P} \circ \hat{q}_{PC}^{*} + \hat{q}_{PC} \circ \hat{\boldsymbol{\omega}}_{P}^{P} \circ \dot{\hat{q}}_{PC}^{*} - \dot{\hat{\boldsymbol{\omega}}}_{C}^{C} \\
&= \hat{q}_{PC} \circ \dot{\hat{\boldsymbol{\omega}}}_{P}^{P} \circ \hat{q}_{PC}^{*} + \hat{\boldsymbol{\omega}}_{PC}^{C} \times (\hat{q}_{PC} \circ \hat{\boldsymbol{\omega}}_{P}^{P} \circ \hat{q}_{PC}^{*}) - \dot{\hat{\boldsymbol{\omega}}}_{C}^{C}
\end{aligned} \tag{4-89}$$

在各自本体坐标系下，航天器 P、C 的动力学方程为

$$\begin{cases}
\dot{\hat{\boldsymbol{\omega}}}_{P}^{P} = \hat{M}_{P}^{-1}(\hat{F}_{P}^{P} + \hat{d}) - \hat{M}_{P}^{-1}(\hat{\boldsymbol{\omega}}_{P}^{P} \times \hat{M}_{P}\hat{\boldsymbol{\omega}}_{P}^{P}) \\
\dot{\hat{\boldsymbol{\omega}}}_{C}^{C} = \hat{M}_{C}^{-1}(\hat{F}_{C}^{C} + \hat{d}) - \hat{M}_{C}^{-1}(\hat{\boldsymbol{\omega}}_{C}^{C} \times \hat{M}_{C}\hat{\boldsymbol{\omega}}_{C}^{C})
\end{cases} \tag{4-90}$$

式中，$\hat{F}_{P}^{P}$ 为航天器所受外力；$\hat{d}$ 为干扰力。

将式（4-90）代入式（4-87），得到

$$\begin{aligned}
\dot{\hat{\boldsymbol{\omega}}}_{PC}^{C} &= \hat{q}_{PC} \circ [\hat{M}_{P}^{-1}\hat{F}_{P}^{P} - \hat{M}_{P}^{-1}(\hat{\boldsymbol{\omega}}_{P}^{P} \times \hat{M}_{P}\hat{\boldsymbol{\omega}}_{P}^{P})] \circ \hat{q}_{PC}^{*} + \hat{\boldsymbol{\omega}}_{PC}^{C} \times (\hat{q}_{PC} \circ \hat{\boldsymbol{\omega}}_{P}^{P} \circ \hat{q}_{PC}^{*}) \\
&\quad - \hat{M}_{C}^{-1}\hat{F}_{C}^{C} - \hat{M}_{C}^{-1}(\hat{\boldsymbol{\omega}}_{C}^{C} \times \hat{M}_{C}\hat{\boldsymbol{\omega}}_{C}^{C})
\end{aligned} \tag{4-91}$$

此即在目标器本体坐标系下表示的航天器相对动力学方程。

4.4.3　相对翻滚目标绕飞的位姿耦合控制

1. 航天器相对绕飞设计方法

1) $\hat{\boldsymbol{\omega}}_{PC}^{C}$ 设计方法

以设计相对速度旋量为目标时，根据式（4-87），得

$$\hat{q}_{PC} \circ \hat{\boldsymbol{\omega}}_{P}^{P} \circ \hat{q}_{PC}^{*} = \hat{\boldsymbol{\omega}}_{C}^{C} + \hat{\boldsymbol{\omega}}_{PC}^{C} \tag{4-92}$$

由式（4-82）及式（4-84）得

$$\hat{q}_{C}^{*} \circ \hat{q}_{P} \circ \hat{\boldsymbol{\omega}}_{P}^{P} \circ \dot{\hat{q}}_{P} \circ \hat{q}_{P}^{*} \circ \hat{q}_{C} = \hat{q}_{C}^{*} \circ \dot{\hat{q}}_{P} \circ \hat{q}_{P}^{*} \circ \hat{q}_{C} = \frac{1}{2}(\hat{\boldsymbol{\omega}}_{C}^{C} + \hat{\boldsymbol{\omega}}_{PC}^{C}) \tag{4-93}$$

则

$$\dot{\hat{q}}_{P} = \frac{1}{2}\hat{q}_{C} \circ (\hat{\boldsymbol{\omega}}_{C}^{C} + \hat{\boldsymbol{\omega}}_{PC}^{C}) \circ \hat{q}_{C}^{*} \circ \hat{q}_{P} \tag{4-94}$$

求解该微分方程得到 $\hat{q}_{P}$ 的跟踪信号，由此可以设计控制率。

2) $\hat{q}_{PC}$ 设计方法

在以绕飞轨迹为设计点的任务中,根据式(4-82)得

$$\hat{q}_C \circ \hat{q}_{PC} = \hat{q}_P \qquad (4-95)$$

由于 $\hat{q}_C$ 已知,求解 $\hat{q}_P$,可直接将其作为跟踪信号提供给追踪器进行跟踪控制。

2. 基于对偶数的双环滑模控制

双环滑模控制在飞行器控制领域,特别是四旋翼飞行器及直升机姿态控制领域得到了较多的应用,具有实现简单、与模型结合紧密的特点。本小节在以对偶数为控制变量的条件下,采用双环滑模变结构控制方法设计航天器控制器,使积分滑模来实现切换函数的设计。外环滑模控制率实现对位姿信息 $\hat{q}_c$ 的跟踪,外环控制器产生对偶速度指令 $\hat{\omega}_c$,并传递给内环系统,内环则通过滑模控制率实现对指令 $\hat{\omega}_C^c$ 的跟踪。目标器与追踪器采用同一动力学模型,翻滚目标的运动信息由模型解算并输出到相对位姿计算模块,由给定的绕飞条件得到追踪器的位姿对偶四元数指令 $\hat{q}_C$。 控制器系统结构图如图4-23所示。

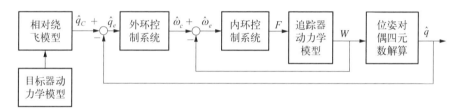

图 4-23 控制器系统结构图

1) 外环滑模控制

定义对偶四元数跟踪指令偏差为

$$\hat{q}_e = \hat{q}_C - \hat{q} \qquad (4-96)$$

设计积分滑模面如下:

$$\hat{S}_w = \hat{q}_e + k_1 \int_0^t \hat{q}_e \mathrm{d}t \qquad (4-97)$$

式中, $k_1 > 0$,为增益,通过选择合适的 k_1 可以使系统的跟踪误差在一个比较理想的滑模面上滑动至稳定。

取对偶速度指令 $\hat{\omega}_c$ 作为对偶速度跟踪的虚拟控制项。设对偶速度偏差为 $\hat{\omega}_e$,则有

$$\hat{\omega}_e = \hat{\omega}_c - \hat{\omega} \qquad (4-98)$$

因此

$$\dot{q} = \frac{1}{2}\hat{q} \circ [\hat{\boldsymbol{\omega}}_c - (\hat{\boldsymbol{\omega}}_c - \hat{\boldsymbol{\omega}})] = \frac{1}{2}\hat{q} \circ \hat{\boldsymbol{\omega}}_c - \frac{1}{2}\hat{q} \circ \hat{\boldsymbol{\omega}}_e \tag{4-99}$$

式中,$\hat{\boldsymbol{\omega}}_e$ 可通过内环滑模控制消除。

对滑模面求导得

$$\dot{\hat{S}}_w = \dot{\hat{q}}_e + k_1\hat{q}_e = \dot{\hat{q}}_C - \dot{\hat{q}} + k_1\hat{q}_e$$
$$= \dot{\hat{q}}_C - \frac{1}{2}\hat{q} \circ \hat{\boldsymbol{\omega}}_c + \frac{1}{2}\hat{q} \circ \hat{\boldsymbol{\omega}}_e + k_1\hat{q}_e \tag{4-100}$$

设计对偶速度指令为

$$\hat{\boldsymbol{\omega}}_c = 2\hat{q}^* \circ (\dot{\hat{q}}_C + k_1\hat{q}_e + \rho_1\hat{S}_w) \tag{4-101}$$

式中,ρ_1 为大于零的常数。取如下 Lyapunov 函数:

$$V_1 = \frac{1}{2}\hat{S}_w \odot \hat{S}_w \tag{4-102}$$

$$\dot{V}_1 = \hat{S}_w \odot \dot{\hat{S}}_w = \hat{S}_w \odot \left(\dot{\hat{q}}_C - \frac{1}{2}\hat{q} \circ \hat{\boldsymbol{\omega}}_c + \frac{1}{2}\hat{q} \circ \hat{\boldsymbol{\omega}}_e + k_1\hat{q}_e\right)$$

$$= \hat{S}_w \odot \left\{\dot{\hat{q}}_C - \frac{1}{2}\hat{q} \circ [2\hat{q}^*] + \frac{1}{2}\hat{q} \circ \hat{\boldsymbol{\omega}}_e + k_1\hat{q}_e\right\} \circ (\dot{\hat{q}}_C + k_1\hat{q}_e + \rho_1\hat{S}_w)$$

$$= -\rho_1 \| \hat{S}_w \|^2 + \hat{S}_w \odot \frac{1}{2}\hat{q} \circ \hat{\boldsymbol{\omega}}_e \tag{4-103}$$

为保证 $\dot{V}_1 \leq 0$,需使 $\hat{\boldsymbol{\omega}}_e$ 足够小,这部分由内环控制器解决。

2) 内环滑模控制

内环积分滑模面取为

$$\hat{S}_n = \hat{\boldsymbol{\omega}}_e + k_2\int_0^t \hat{\boldsymbol{\omega}}_e \mathrm{d}t \tag{4.104}$$

式中,$k_2 > 0$,为增益。

则

$$\dot{\hat{S}}_n = \dot{\hat{\boldsymbol{\omega}}}_e + k_2\hat{\boldsymbol{\omega}}_e = (\dot{\hat{\boldsymbol{\omega}}}_c - \dot{\hat{\boldsymbol{\omega}}}) + k_2\hat{\boldsymbol{\omega}}_e$$
$$= \dot{\hat{\boldsymbol{\omega}}}_c + \hat{M}^{-1}(\hat{\boldsymbol{\omega}} \times \hat{M}\hat{\boldsymbol{\omega}} - \hat{F} - \hat{d}) + k_2\hat{\boldsymbol{\omega}}_e \tag{4-105}$$

设计内环控制率为

$$\hat{F} = \hat{\boldsymbol{\omega}} \times \hat{M}\hat{\boldsymbol{\omega}} + \hat{M}(\dot{\hat{\boldsymbol{\omega}}}_c + k_2\hat{\boldsymbol{\omega}}_e) + \rho_2\mathrm{sgn}(\hat{S}_n) + k\hat{S}_n \tag{4-106}$$

式中,sgn 表示符号函数;$\rho_2 > \max | d_i |$; $k > 0$。

代入式(4-106)得

$$\dot{\hat{S}}_n = - \hat{M}^{-1} [\rho_2 \text{sgn}(\hat{S}_n) + k \hat{S}_n + \hat{d}] \qquad (4-107)$$

取如下 Lyapunov 函数:

$$V_2 = \frac{1}{2} \hat{S}_n \odot (\hat{M} \hat{S}_n) \qquad (4-108)$$

则

$$\dot{V}_2 = \hat{S}_n \odot (\hat{M} \dot{\hat{S}}_n) = - \rho_2 \sum_{i=1}^{6} | \hat{S}_n | - k \| \hat{S}_n \|^2 - \hat{S}_n \odot \hat{d} \leqslant - k \| \hat{S}_n \|^2$$

$$(4.109)$$

取 $k \geqslant \frac{1}{2} \max(\hat{M})$, 则

$$- k \| \hat{S}_n \|^2 \leqslant - \frac{1}{2} \hat{S}_n \odot (\hat{M} \hat{S}_n) = - V_2 \qquad (4-110)$$

即

$$\dot{V}_2 \leqslant - V_2, \quad V_2 \leqslant e^{-t} \qquad (4-111)$$

因此,V_2 指数收敛,且当内环收敛速度大于外环收敛速度时,总控制系统稳定。

传统的滑模控制使用了符号函数 sgn(s) 来保证状态量在滑模面附近运动。当系统的轨迹到达切换面时,其速度为有限大,惯性使运动点穿越切换面,从而最终形成抖振,叠加在理想的滑动模态上。一种常见的解决办法是使用饱和函数 sat(s) 代替理想滑动模态中的符号函数 sgn(s):

$$\text{sat}(s) = \begin{cases} 1, & s > \Delta \\ ks, & | s | \leqslant \Delta \\ - 1, & s < - \Delta \end{cases} \qquad (4-112)$$

式中, $k = \frac{1}{\Delta}$, Δ 为边界层参数,是一个很小的量。

饱和函数的本质为:在边界层外,采用切换控制;在边界层内,采用线性化的反馈控制。本节的抖振消除采用此方法。

3. 相对绕飞任务设计

由于姿控系统失效,任务对象为近地轨道运行的航天器在轨道上做翻滚运动。追踪器当前任务为在较近的距离下对目标器进行目标本体坐标系下的绕飞,保证姿态对准,为其他任务(交会对接)做准备,具体数据见表4-3。

表 4-3   绕飞任务数据

目标器轨道	圆形轨道,绕赤道飞行,轨道高度 430 km
绕飞时间	60 s
绕飞轨迹	相对目标器进行圆形绕飞,绕飞半径 10 km,同时姿态保持与目标器相同
目标器质量	74 783 kg
目标器惯量阵	$J_x = 3.813 \times 10^6 \text{ kg} \cdot \text{m}^2$,$J_y = 3 \times 10^6 \text{ kg} \cdot \text{m}^2$,$J_z = 3.882 \times 10^6 \text{ kg} \cdot \text{m}^2$
追踪器质量	13 000 kg
追踪器惯量阵	$J_x = 2.1 \times 10^4 \text{ kg} \cdot \text{m}^2$,$J_y = 1 \times 10^5 \text{ kg} \cdot \text{m}^2$,$J_z = 1 \times 10^5 \text{ kg} \cdot \text{m}^2$
目标器初始翻滚角速度	$\begin{bmatrix} 0 & \dfrac{\pi}{5} & -\dfrac{\pi}{10} \end{bmatrix}^{\text{T}} \text{rad/s}$
环境干扰加速度	$\begin{bmatrix} 2.5 & 4 & 3 \end{bmatrix}^{\text{T}} \text{m/s}^2$
环境干扰力矩	$\begin{bmatrix} 3 - \sin\left(\dfrac{2\pi t}{30}\right) \\ 3 + \cos\left(\dfrac{2\pi t}{30}\right) \\ 3 - \sin\left(\dfrac{2\pi t}{30}\right) \end{bmatrix} \text{N} \cdot \text{m}$

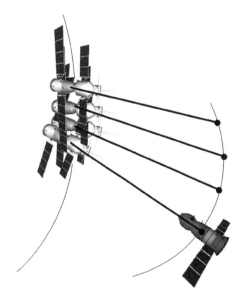

图 4-24   航天器相对位姿示意

绕飞目标器以美国 1973 年发射的天空实验室(skylab)为参考,作为美国的第一座空间站,在发射过程中,曾因碰撞导致部分太阳帆板未能展开,美国随后发射了维修航天器与之对接,解决了这一问题。对比近年来各国发射的载人飞船与货运飞船,质量均在 10 t 以上,考虑到未来大型航天器将逐渐增多,以此类航天器作为研究对象具有应用价值。

失控大型航天器在进行翻滚的过程中,姿态不断变化,为保证接口对准,在进行相对绕飞时,相对姿态应保持不变。与此同时二者维持一定的绕飞距离,如图 4-24 所示。本任务使用设计 $\hat{q}_{PC}$ 的方法。

4. 仿真校验

校验使用数学仿真。由于对偶数模型主部与对偶部相互作用,但数量级偏差很大(级),属于刚性系统,微分方程求解采用系统自动步长,可以获得较快的计算速度。

目标器与追踪器应用相同的干扰模型,均为常值干扰加速度与周期性干扰力矩,不考虑 J_2 项影响。图 4-25~图 4-28 为追踪器的对偶四元数与对偶速度跟踪

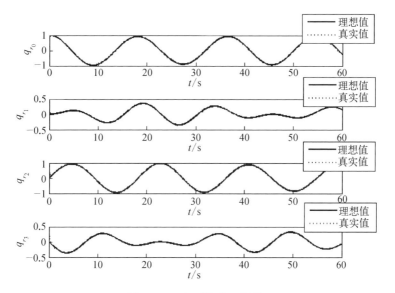

图 4-25　相对姿态四元数

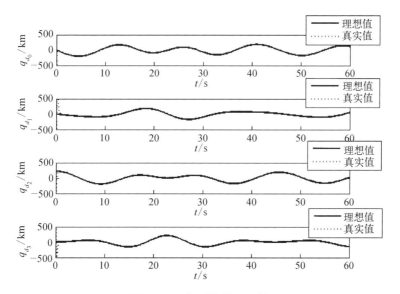

图 4-26　相对位置四元数

预定值的效果,从图中可以看出:内外环跟踪误差均在短时间内收敛到 0 附近,在 60 s 的任务期间保持跟踪预定信号效果良好。其中,外环相对姿态四元数收敛时间为 0.4 s 左右,相对位置四元数收敛时间为 0.8 s;内环角速度收敛时间为 0.2 s 左右,速度收敛时间为 0.6 s;内环的收敛速度比外环快 0.2 s,在内环快速收敛的条件下,保证了外环的快速收敛。

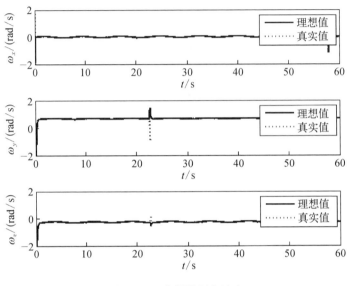

图 4-27　虚拟控制角速度

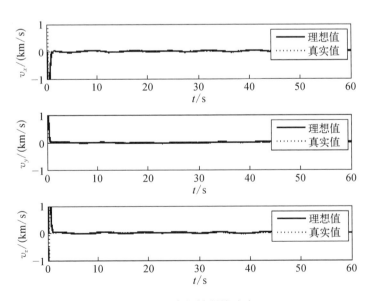

图 4-28　虚拟控制线速度

目标器与追踪器在地心惯性坐标系下的轨道运动如图 4-29 所示,目标器沿圆轨道运行,追踪器在圆轨道的基础上做相对绕飞运动。将两航天器的位置矢量差,即相对位置矢量投影在地心惯性坐标系中(图 4-30),可看出轨迹为三维空间中周期性进动的圆弧,说明追踪器在进行绕飞的同时受到了目标器的姿态进动影响。目标器的转动可分为自旋与进动(图 4-31),X 方向的角速度保持在 0.33 rad/s,章动在 OYZ 平行的平面,幅度为 0.3 rad/s,这样的姿态变化一方面造成了追踪器绕飞平面的变化,也使追踪器不断调整姿态来对准目标器。

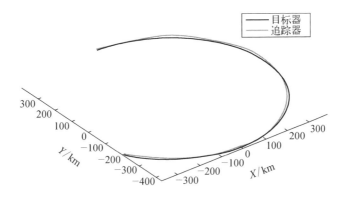

图 4-29　目标器与追踪器轨道运动

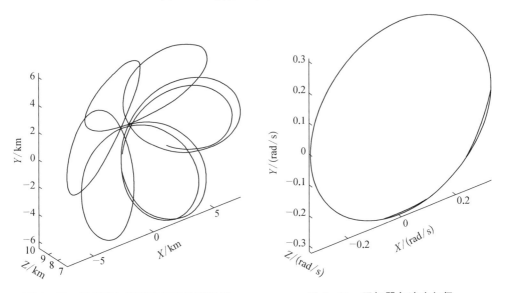

图 4-30　目标器与追踪器相对位置矢量　　　图 4-31　目标器角速度矢径

根据图 4-32,追踪器控制加速度在 200~2 000 m/s^2,角加速度在 5 000~50 000 rad/s^2,这说明大质量、大惯性矩航天器在位姿控制上需要更大的控制能力,对绕飞任务推力设备提出了较高的要求。

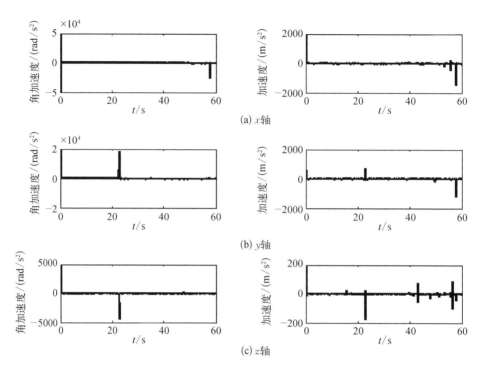

图 4 - 32　追踪器控制加速度变化

　　绕飞任务要求追踪器与目标器保持 10 km 的距离,由图 4 - 33 可知,两航天器预定距离的负向偏差最大为 1 km,此时两航天器距离 9 km,属于安全范围,且在较长时间内距离偏差保持在 200 m 以内。

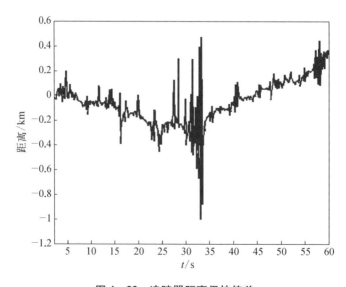

图 4 - 33　追踪器距离保持偏差

4.4.4　小结

本节针对空间翻滚目标的动力学问题,引入了对偶四元数与旋量概念,建立了位姿一体化的翻滚航天器的动力学与相对运动学模型,并提出两种绕飞轨道设计方法。以近地大型翻滚航天器的相对绕飞为例,设计了姿轨耦合的滑模控制器,仿真结果表明,基于对偶数的双环滑模控制系统可以快速有效地控制追踪器的位姿,并在翻滚目标角速度变化的同时保证二者的姿态同步与距离稳定。

4.5　空间翻滚目标主动移除地面试验验证技术

随着近些年计算机技术、机器人技术和传感技术的迅猛发展,以航天器在轨维护、废弃航天器清理等为目的的空间碎片等目标捕获技术已成为空间领域的热点研究方向。针对地面半实物仿真试验系统的试验方法和验证手段,从关键技术地面试验到空间演示验证方案进行调研分析。地面仿真试验平台及空间飞行试验可以为空间碎片接近及捕获理论突破提供试验验证手段,验证航天器相对动力学及控制理论与方法的工程可行性,提升技术成熟度,为未来空间任务应用提供技术基础[20]。

结合空间翻滚目标捕获过程中的控制理论和方法基本特点,瞄准理论验证和技术评估的目标,制定高逼真模拟、多尺度覆盖的技术验证方案。在空间翻滚目标捕获过程中的航天器控制理论与方法研究的基础上,拟采用从数学仿真验证到空间环境及翻滚目标模拟、从虚拟机械臂的虚实结合系统到双臂协调半物理仿真系统,最终通过空间飞行试验全面验证航天器控制理论与方法的可行性和正确性。

一般采用数学仿真平台验证控制理论和方法的技术可行性;采用空间环境及翻滚目标模拟验证空间环境和翻滚目标的光学、运动学特性;采用虚拟机械臂的虚实结合系统模拟机械臂电机等的物理特性;拟采用半物理地面试验方案进行适用于多尺度验证对象的数学和物理模型联合试验;采用空间飞行演示试验依托工程研制基础,验证技术协调性和接口匹配性,确保空间翻滚目标捕获过程中的航天器控制理论与方法的工程可行性。

4.5.1　基于虚实结合的高逼真度地面半物理仿真验证平台

与实际的空间翻滚目标捕获任务相比,地面试验系统需要解决轨道动力学模拟、空间与地面天地一致性、位姿六自由度运动试验等问题,具有微重力环境构建困难、相对速度/距离跨度大、跟踪停靠精度高等特点,难以直接开展全物理过程地面试验。结合精确的运动学与动力学数学模型及实际物理试验系统的优势,可开发基于虚实结合的高逼真度地面半物理仿真验证平台。建立真实物理约束与属性的数学描述,如相机视场约束、干涉碰撞约束、光学特性模拟、目标翻滚运动等,同时引入真实传感器或执行机构信息构成仿真回路,形成地面半物理仿真验证平台,提供高逼真度的技术验证环境。

4.5.2　空间翻滚目标捕获的多尺度地面验证试验等效

对空间翻滚目标捕获过程中的控制理论和方法构建地面试验平台的过程中,需要解决空间翻滚目标模拟、多视觉探测及三维重建、轨道交会、超近距离跟踪等包含空间环境、光学、电子、动力学等多尺度下的试验仿真模拟问题,进行地面试验设计时需要综合考虑多个尺度的模拟和仿真问题。通过开展多尺度地面验证试验等效研究,基于相似性变换理论,解决跨尺度理论分析与物理实现的困难,解决跨时间尺度、跨空间尺度等多尺度地面试验验证问题。

4.5.3　空间翻滚目标位姿、形态测量、估计与模型仿真

1. 高逼真度空间环境下目标翻滚运动半物理仿真

在地面试验室模拟空间背景环境,通过光学设备模拟空间背景光照条件。在近似模拟空间环境的条件下对翻滚物体的运动状态进行探测。为获得高精度的目标三维模型,探测过程中需要建立多层次立体的三维探测系统。通过采用多台高精度探测设备从不同角度对目标进行观测,获得物体在近似空间背景环境下翻滚过程的相关数据,并建立半实物仿真环境对获得的探测数据进行可靠性验证。

2. 空间环境下翻滚目标三维重建算法验证

准确评估三维重建算法的效果包括两个层次的内容。一是获取高精度的目标三维模型,对此拟采用多台高速高精度三维激光从不同角度对翻滚运动过程中的目标进行同步实时扫描,同时配备多台高速高分辨率相机,从多个角度对目标进行观测,整个过程中保持所有传感器之间同步采集。在构建三维模型时,首先需要对多台传感器在空间上进行标定,其次还需要把多个传感器的数据进行拼接,从而构建出一个完整的模型。二是需要从捕获任务的需求出发,构建三维重建精度评价的指标体系,包括点云精度、点云密度(完整性)、几何结构吻合度(直线平行度、垂直度、平面夹角等)。

3. 空间环境下翻滚目标位姿估计算法验证

验证目标位姿估计算法精度分成静态和动态两个过程。静态验证即在目标处于静止状态下对位姿估计结果进行验证,在目标表面安装若干视觉标记,并用高精度经纬仪和激光跟踪仪精确测量待测表面的三维位姿。在动态验证过程中,目标处于高速运动状态,无法采用静态验证中的方法获取位姿真值,因此根据目标安装基座的运动状态,并结合目标三维模型实时推算目标位姿。

4.5.4　空间碎片主动移除地面试验特点

（1）通过大跨度六自由度地面半物理仿真验证，解决空间微重力环境下空间对抗相对位姿大尺度六自由度目标视觉导引、自主交会和捕获、高精度接近及悬停控制、接触动力学等试验问题，满足全尺寸验证需求。

（2）采用光电动力学一体化系统仿真验证，解决包含空间热环境、光学环境、电子信息、耦合动力学等综合天地一致性模拟试验问题，如空间目标运动/光学特性模拟、遥操作组装、软硬件在回路测试等。

（3）采用虚实结合的多尺度地面验证试验等效方法，解决跨时间/空间尺度等多尺度地面试验验证问题，如交会接近速度/距离大跨度、超近距离跟踪大质量翻滚目标、多视觉探测及态势感知、可视化虚拟场景等。

4.6　基于并行的轨道计算方法研究

当前，空间在轨物体呈指数增长趋势，为了快速计算其轨道，一般采用美国提出的 SGP 模型[21]。SGP 模型是美国空军于 19 世纪 60 年代开发的，官方公布的版本有 SGP、SGP4、SDP4、SGP8、SDP8 五种算法。其中，最广泛采用的是 SGP4/SDP4 算法[22]，SDP8/SGP8 主要用于计算轨道衰减和再入。以上算法主要配合北美防空司令部发布的两行轨道根数（two line elements，TLE）来使用，是目前空间目标监测领域最广泛应用的轨道预报算法。

当前公开发布的空间在轨编目的目标数量已经攀升至接近两万个，如何快速计算所有这些在轨目标就成为亟待解决的问题，因此有必要对该算法进行挖潜。由于当前计算机技术发展受限，计算机主频无法进一步提高，计算机正朝着多核方向发展，为了充分利用计算机多核计算资源，快速计算空间物体轨道状态，相关人员基于多核中央处理器（central processing unit，CPU）和图形处理器（graphics processing unit，GPU）开发了并行 SGP 轨道器计算方法。

考虑到目前计算机绝大多数都包含多核 CPU 及高性能 GPU，最简单的提高算力的途径是采用并行计算，充分利用各核的计算能力。并行计算技术在国内外受到高度的重视，其在各大计算密集型分析领域，如流体计算、结构分析、核计算、气象预报等取得了很大成就。并行程序设计编程语言有（message passing interface，MPI）、OpenMP 等，其中 MPI 作为一个标准的并行计算消息传递应用编程接口（application programming interface，API），支持 Fortran、C 语言和 C ++等[23,24]。

近年来，高性能计算领域迎来了另一支生力军，这就是基于 GPU 的并行计算。特别是在 2006 年，英伟达（NVIDIA）公司发布了一种通用的并行计算统一设备体系结构（compute unified device architecture，CUDA），利用 NVIDIA 公司的 GPU 来加速并行计算，这种并行加速方式通常比 CPU 并行更高效。当前，综合利用 CPU 和

GPU 的异构并行计算成为高性能计算的另一种重要分支,并在工程界和学术界引起越来越多的关注,取得了大量丰富的成果。

4.6.1 基于 SGP4 的轨道计算性能分析

为了考察 CPU 和 GPU 的计算性能,给定 200 万个 TLE,利用 SGP4 轨道器,轨道预报 5 天,每 60 min 输出一组解。对应的相应轨道转移子问题规模高达 200 万个,能够很好地示例基于 CUDA 的 GPU,以及 C 语言和 Java 的并行计算能力。分别采用 CPU 串行方式、CPU 并行方式(C 语言 OpenMP、Java)及 GPU 并行方式进行计算。

计算机软硬件条件为:操作系统为 Win10,采用 Intel 8700CPU,NVIDIA 1060 显卡,显存 6GB,内存 8GB,采用 CUDA Toolkit 10.0。对比结果如表 4-4 和表 4-5 所示。

表 4-4　C 语言版 CPU 与 GPU 轨道计算性能对比

计算方式	调度算法	计算时间/s	加　速　比
CPU 串行	—	222.04	—
CPU 并行	Static	26.72	8.31
	Dynamic	26.67	8.33
	Guided	26.44	8.40
GPU 并行	—	7.09	31.3

表 4-5　Java 版 CPU 与 GPU 轨道计算性能对比

计算方式	调度算法	计算时间/s	加　速　比
CPU 串行	—	251.45	—
CPU 并行	Fixed	26.390	9.53
	Dynamic	26.165	9.61
	Guided	26.202	9.60
	Proportional	26.392	9.53
	Leapfrog	26.371	9.54
GPU 并行	—	7.09	35.47

由计算结果可见:

(1) C 语言版串行程序计算速度远高于 Java 版串行程序的计算速度,测试发现这主要是 Intel CPU 的自动睿频能力造成的。在本算例中,C 语言版的串行计算中,CPU 单核核心能够自动睿频到 4.5 GHz(最大设计睿频为 4.6 GHz);但是,Java 版的串行计算中,单核核心睿频能力要差得多(在本算例中,8700CPU 主频仅达到 4.34 GHz,最大不超过 4.4 GHz),Java 语言在 Windows 系统上的单核运行能力还值得进一步挖掘。

(2) C 语言版并行和 Java 版并行的计算效率基本一致。并且通过测试发现,此时 CPU 的多核睿频频率基本一致,甚至 Java 版的并行计算效率还稍高一些,这主要是两种语言采用的并行调度机制不同造成的。

(3) OpenMP 中三种调度算法的性能基本一致,但测试过程发现,OpenMP 的计算时间波动较大,这里的测试结果仅列出了最好结果。

(4) Java 版并行计算中各种调度算法的性能基本一致,且经测试发现,计算时间波动不大,测试结果比较稳定。

(5) OpenMP 的并行计算效率稍低于 Java 版,但是 OpenMP 的程序开发难度极小。在本节中,不严格地说,采用 OpenMP 的 C/C++程序几乎只需要增加一行代码:"#pragma omp parallel for",因此 OpenMP 在程序开发中体现了巨大的优势。

(6) GPU 并行计算相比 CPU 并行计算体现了巨大的性能优势,相比 C 语言版,其加速比达到了 31 倍,相比 Java 版达到了 35 倍。但是需要进一步指出的是:GPU 并行程序的开发难度要远大于 CPU 并行程序,CUDA 程序的编写则相当困难,需要更改所有的函数为主机(host)函数和设备(device)函数,这种难度在很大程度上限制了 GPU 并行技术的推广。

(7) 通过对比计算性能发现,在不考虑开发难度的情况下,通过 GPU 加速是当前家用个人计算机获得高性能计算能力的性价比最高的方式。在相同经费限制下,单独提升 GPU 的预算比单独提升 CPU 的预算所能获得的计算能力提升更高。

4.6.2　并行计算展望

与串行程序不同,并行程序的设计和实现较为复杂,不仅体现在程序的功能分离上,多线程间的协调性、乱序性都会成为程序正确执行的障碍。但由于 GPU 并行计算在人工智能界取得了巨大成功,此外还有传统的游戏、电竞领域,GPU 在未来若干年内还将迎来蓬勃发展,并且只会比 CPU 的发展速度更快,相应的 GPU 并行编程开发技术也必然会进一步简化,新的 CPU、GPU 异构并行技术必将出现,以简化工程和科技人员的开发。在最近几年,肯定还会有更新、更好的技术在异构并行计算编程领域诞生,后续将有必要基于 CPU 和 GPU 研究更多更深入的并行轨道计算与分析问题。

参考文献

[1]   Zhang F, Yan N. Manipulator-actuated adaptive integrated translational and rotational stabilization for proximity operations of spacecraft. Beijing: Proceedings IECON 2017 – 43rd Annual Conference of the IEEE Industrial Electronics Society, 2017.

[2]   Zhang F, Duan G. Manipulator-actuated adaptive integrated translational and rotational stabilization for spacecraft in proximity operations. International Journal of Control, Automation and Systems, 2018,16(5): 2103 – 2113.

[3]   Zhang F, Duan G. Manipulator actuated integrated position and attitude stabilization of spacecraft subject to external disturbances. IEEE Transactions on Systems, Man, and Cybernetics: Systems, 2021.

[4]   Zhang F. Adaptive dynamic control for manipulator actuated integrated translation and rotation stabilization of spacecraft. IEEE Access, 2020, 8: 193154 – 193167.

[5]   Zhang F, Zhou S, Wang X W. Capability analysis for manipulator actuated integrated translational and rotational control strategy of spacecraft. Dubai: 71st International Astronautical Congress(IAC2020) – The CyberSpace Edition, 2020.

[6]   Zhang F, Li Y, Yan N. Dual manipulator-actuated integrated translational and rotational stabilization of spacecraft in proximity operations. Transactions of the Japan Society for Aeronatical and Space Sciences, 2020,63(5): 195 – 205.

[7]   郝宇星. 空间翻滚目标位姿耦合建模与运动特性分析. 导弹与航天运载技术,2019. 1: 74 – 79.

[8]   Brodsky V, Shoham M. Dual numbers representation of rigid body dynamics. Mechanism and Machine Theory, 1999, 34: 693 – 718.

[9]   Pennock G R, Oncu B A. Application of screw theory to rigid body dynamics. ASME Journal of Dynamic Systems, Measurement, and   Control, 1992, 114(2): 262 – 269.

[10]   Adams J D, Gerbino S, Whitney D E. Application of screw theory to motion analysis of assemblies of rigid parts. Proceedings of the 1999 IEEE International Symposium on Assembly and Task Planning, Portugal, 1999.

[11]   Wang X K, Yu C B. Feedback linearization regulator with coupled attitude and translation dynamics based on unit dual quaternion. Yokohama: Proceedings of 2010 IEEE International Symposium on Intelligent Control Part of 2010 IEEE Multi-Conference on Systems and Control, 2010.

[12]   Wang X K, Han D P, Yu C B, et al. The geometric structure of unit dual quaternion with application in kinematic control. Journal of Mathematical Analysis and Applications, 2012, 389: 1352 – 1364.

[13]   Wu Y X, Hu X P, Wu M P, et al. Strapdown inertial navigation using dual quaternion algebra: error analysis. IEEE Transactions on Aerospace and Electronic Systems, 2006, 42 (1): 259 – 266.

[14]   Wang J Y, Liang H Z, Sun Z W, et al. Relative motion coupled control based on dual quaternion. Aerospace Science and Technology, 2013, 25(1): 102 – 113.

[15]   Zhang F, Duan G R. Robust integrated translation and rotation finite-time maneuver of a rigid spacecraft based on dual quaternion. Portland: AIAA Guidance, Navigation, and Control

Conference，2011.

[16] 刘宗明,张宇,卢山,等.非合作旋转目标闭环检测与位姿优化.光学精密工程,2017,4：504－511.

[17] 郭永,宋申民,李学辉.非合作交会对接的姿态和轨道耦合控制.控制理论与应用,2016,5：638－644.

[18] 刘欢,张永.针对空间碎片捕获的绕飞轨道设计.深空探测学报,2015,12：376－380.

[19] 郝宇星,申麟,李扬.基于对偶双环滑模的空间翻滚目标相对绕飞控制.导弹与运载技术,2018,5：57－63.

[20] 李扬,张烽,焉宁,等.空间碎片接近及捕获技术地面试验调研研究.空间碎片研究,2018,18(3)：43－50.

[21] 童科伟,基于 CPU 及 GPU 的并行 SGP 轨道器计算方法研究.青岛：第十届全国空间碎片学术交流会,2019.

[22] Vallado D. Fundamentals of Astrodynamics and Applications. 3rd ed. Hawthorne：Microcosm Press，2007.

[23] 刘俊莉. MPJ 并行编程框架的实现及安装配置.计算机与现代化,2009,8(168)：164－168.

[24] Kaminsky A. Big CPU，Big Data：Solving the World's Toughest Problems with Parallel Computing[M]. 2nd ed. New York：Barnes & Nobel Press，2019.

第 5 章
空间碎片再入损害评估技术研究

空间碎片的再入对位于地面的人员和物资财产也会造成巨大的威胁。例如,2014 年是太阳活动极大年,地球大气层有一定的扩张,使较多的空间碎片再入大气,当年空间碎片再入总质量达 100 多吨,美国空间监视网就记录到 600 多次空间碎片再入事件,其中卫星 86 次、火箭末级 49 次、解体碎片 467 次。

可以直观地将空间碎片再入分为两类:第一类为受控再入,即航天器主动确定进入大气层的时间和位置;另一类为不受控再入,即时间或位置不再受航天器影响,必须用随机描述。受控再入往往以地球表面的偏远地区为目标,以避免对地面上的生命和财产造成损害,或者在载人航天飞行任务和星际返回舱的情况下,使再入后的航天器易于识别,因此其往往只有最小的风险潜力。不受控再入由自然力来引导其轨道衰减,对于这类目标,深入地研究其历史变化趋势,对于评估目标物理参数、轨道寿命等是有指导意义的。在目前的十年里,平均每周都有一艘完整的航天器、卫星或火箭箭体重返大气层。

5.1　再入轨道预报

5.1.1　历史危险再入事件

空间物体陨落地球表面是航天活动的常态。平均计算,每 2~3 天就有一块体积和质量较小的残骸陨落至地球表面;每 10~12 天就有一块体积和质量较大的残骸陨落至地球表面。通过再入结构分析表明,较大空间物体进入地球大气层后,10%~40% 的质量在经受严重的结构和热负荷后,最终与地面碰撞。空间物体在再入过程中,将在 5 min 内从 7.7 km/s 的速度降到低于声速,动能大部分转换成热能。

空间物体陨落有可能对地球上的生命财产造成损害,其概率较低,现简要介绍国外空间物体陨落典型事件。

1. 宇宙 954 号

1978 年 1 月 24 日,苏联核动力卫星宇宙 954 号残片坠落在加拿大西北部 4.6

万平方千米的区域内,加拿大在美国支持下搜集了共 65 kg 残片。1979 年 1 月 23
日,加拿大针对苏联卫星进入其领空和卫星的有害放射线残片散落在领土上所引
起的损害提出了赔偿要求。

加拿大认为,苏联在该卫星可能进入和立即进入加拿大地区大气层时没有及
时发出通知,并且也没有对其提出的有关该卫星的问题做出及时、全面的答复。卫
星残片具有放射性,部分残片的放射性是致命的,残片导致加拿大部分领土变得不
适宜使用;此外,卫星进入加拿大领空和危险放射线残片散布在其领土上侵犯了其
主权。加拿大认为苏联对该卫星造成的损害负有绝对责任,因此苏联应赔偿其
600 万美元。

苏联明确拒绝承担赔偿责任。苏联认为,设计上保证了卫星上的核反应堆在
重返大气层时完全烧毁,因此其残片不应该具有严重危险。在受影响的地方,引起
当地污染的可能性很小。卫星坠落并未造成加拿大人员伤亡,也未造成实际财产损
失,因此没有产生《空间物体造成损害的国际责任公约》范围内的"损害"。苏联最后
同意向加拿大"善意性"支付 300 万美元以了结此案,但仍然拒绝担负赔偿责任。

2. 天空实验室空间站

1979 年 7 月 11 日,NASA 天空实验室坠落在了澳大利亚珀斯东南方向的陆地
上。天空实验室不带有放射性物质,但因为其体积和质量太大,坠入大气层后并没
有完全烧毁。

美国对天空实验室的坠落位置和解体速度的估计都存在较大误差,天空实验室
未能按照预计坠落在南非共和国开普敦以南的大海中,而是掉到澳大利亚西部艾斯
波兰斯郡。当地以"乱丢太空垃圾"为由,向美国提出 400 美元罚款,但 NASA 从未支
付这笔赔偿。2008 年,一名美国公民募集了 400 美元,并把支票寄给艾斯波兰斯郡。

3. 礼炮 7 号空间站

1991 年 2 月 7 日莫斯科时间 6 时 47 分,重达 22 t 的苏联礼炮 7 号/宇宙 1688
号联合体进入南美洲上空的稠密大气层,落在阿根廷领土上离智利边境不远的安
第斯山脉地区,砸死了当地的一头牛,所幸未造成人员伤亡。

4. 和平号空间站

2001 年 3 月 23 日,重达 137 t 的和平号空间站陨落地球。和平号空间站坠入
稠密大气后,在剧烈的空气摩擦下焚烧,未燃尽的残片最终溅落入海,这一过程持
续了 30 min 左右。空间站的太阳能电池板和天线将首先在距地 110~100 km 的大
气中化为灰烬。在 90~80 km 处,外壳及内部结构将裂成无数碎块。在穿越距地
70~60 km 的高度时,大部分碎块将在烈焰中灰飞烟灭。所剩的总共 20 多吨的约
1 500 块残片,最后将散落于南纬 30°~53°、西经 90°~175° 的南太平洋。

5. Beppo SAX 卫星

Beppo SAX 是由意大利和荷兰合作研制的 X 射线天文学人造卫星,于 1996 年

发射升空,原计划运行两年,但实际上一直运行到 2002 年 4 月 30 日。此后,卫星轨道跌落,分系统失灵,于 2003 年脱离轨道,坠入太平洋。

意大利航天局称,Beppo SAX 卫星为特殊的不锈钢钛结构,将有 47% 的残骸陨落,预计陨落残片数量为 42 片,最大质量为 120 kg,陨落区域为南北纬 4.4° 之间的整个赤道区域,意大利航天局向赤道附近 30 个国家分别发出了预警通知。

自 2002 年 12 月起,意大利航天局每两周发布一次动态信息;2003 年 4 月,意大利航天局分别在 4 月 3 日、4 月 10 日、4 月 17 日、4 月 22 日、4 月 24 日、4 月 26日、4 月 27 日发布一次信息;临近陨落时,意大利航天局更为频繁地发布通报,分别于世界标准时 4 月 28 日 10:00、15:00、23:00 发布三次信息,于 4 月 29 日 6:00、10:00、13:00、19:00、21:00 发布了五次信息,于 4 月 30 日 0:00、3:00、11:30 发布了三次信息,其中 11:30 发布的是 Beppo SAX 陨落的最终报告。

6. USA 193

USA 193 卫星于 2006 年 12 月 14 日从美国范登堡空军基地发射升空。USA 193 卫星质量为 2.3 t,设计轨道为远地点 365 km、近地点 349 km,其发射升空后与地面失去联系,成为一颗失控的卫星。

自 USA 193 卫星失控后,其轨道高度不断降低,到 2008 年 2 月 11 日,轨道根数为 268 km/255 km,19 日则降为 261 km/244 km。1 月 26 日,美国政府公布卫星会在数周之后坠落地球。美国联邦应急管理局表示,卫星携带了剧毒燃料,如果发生泄漏,会对人体生命健康安全构成极大威胁。

美国政府于 2008 年 2 月 12 日批准了击毁卫星的计划。2 月 14 日,美国国防部正式声明,将用一颗导弹摧毁该卫星,保证卫星进入大气层之前摧毁卫星的燃料箱,使 453 kg 肼在空中燃烧干净。

2008 年 2 月 20 日 22:26,"伊利湖"号导弹巡洋舰(USS Lake Erie)在太平洋发射一枚"标准-3"型导弹,以 36 667 km/h 的速度击中了海平面上空 246 km 处的卫星。大部分卫星碎片将在 24~48 h 内坠落,而余下碎片也在 40 天内全部坠落。

7. 美国高层大气研究卫星

2011 年 9 月 21 日,NASA 宣布,已经报废的高层大气研究卫星(upper atmosphere research satellite, UARS)可能在失控状态下于当地时间 9 月 23 日坠落地球。NASA 预计,卫星砸到人的概率很低,约为 1/3 200。

高层大气研究卫星质量为 6.5 t,1991 年搭乘"发现"号进入轨道。2005 年,由于燃料不足,地面失去对其的有效控制。NASA 称,高层大气研究卫星再入大气层会剩余 545 kg 的碎片,掉落到地球表面坠落时分解为 100 多块碎片,其中可能落到地面的有害碎片数约为 26 块,坠落区域为印度洋克罗泽群岛以北海域(东经 54°、南纬 40°,碎片散落区域的直径可达 800 余千米)。

卫星坠落地面之前的数周,NASA 每周发布动态信息;卫星坠落之前 4 日起,

NASA 开始每天公布更新信息,之后逐渐增加更新频率。

8. "福布斯-土壤"号火星探测器

俄罗斯于 2012 年 1 月 15 日公布,2011 年 11 月发射失败的"福布斯-土壤"号火星探测器的碎片于莫斯科时间 15 日 21 时 45 分(北京时间 16 日 1 时 45 分)左右坠落在太平洋海域。"福布斯-土壤"号火星探测器未燃尽的碎片落在惠灵顿岛(智利南部岛屿)以西 1 250 km 的太平洋海域。

俄罗斯航天局此前表示,"福布斯-土壤"号火星探测器主体会在经过大气层时基本燃烧殆尽,有毒燃料也会在坠地前烧尽,但最终仍将有 20~30 个碎片坠落地球,总质量不超过 200 kg。探测器的光谱分析仪中所含的放射性同位素钴 57 不超过 10 μg,半衰期极短,不会造成放射性污染。

9. 伦琴卫星

伦琴卫星(Roentgen satellit, ROSAT)是德国、英国、美国联合研制的天文卫星,于 1990 年 6 月 1 日发射升空。1999 年 12 月 12 日,由于制导系统出现故障,卫星停止工作。卫星质量为 2.4 t,工作轨道高度为 565~585 km,搭载两台望远镜。

卫星失控后,轨道高度逐渐降低,2011 年 6 月,轨道高度降至 330 km。2011 年 10 月 12 日,德国宇航中心宣布,伦琴卫星预计在 2011 年 10 月 22 日或 23 日坠落,预计有 30 块总质量达 1.6 t 的残骸坠落地表,坠落速度可达 450 km/h。

2011 年 10 月 23 日,德国宇航中心发布声明:伦琴卫星于当地时间 23 日凌晨 3 时 45 分~4 时 15 分进入大气层,但尚无法证实卫星碎片是否已经落到地表。据事后报道,伦琴卫星于世界标准时 2011 年 10 月 23 日 1 时 50 分(德国时间 3 时 50 分)坠落孟加拉湾。

德国宇航中心分别于当地时间 2011 年 6 月 15 日、9 月 27 日、10 月 4 日、10 月 9 日、10 月 11 日、10 月 12 日、10 月 14 日、10 月 16 日、10 月 18 日、10 月 19 日、10 月 20 日、10 月 21 日、10 月 22 日分别通报了伦琴卫星的有关信息。

IADC 组织了对伦琴卫星的联合检测,其间,美国、俄罗斯、德国宇航中心、ESA 都向 IADC 提供了检测数据,最后由欧盟卫星中心对监测数据进行汇总分析。

10. 美日热带降雨测量任务卫星

热带降雨测量任务(Tropical Rainfall Measuring Mission, TRMM)卫星于 1997 年从日本种子岛宇宙中心发射升空,质量约 2.6 t,于 2015 年 4 月 8 日结束测量使命。

NASA 于 1997 年 6 月 11 日公布,该卫星将于 6 月 16 日结束任务坠入地球大气层,卫星在南北纬 35°内的上空环绕,虽无法对陨落地点和时刻进行准确预测,但预计卫星落入日本四国和九州地方的可能性较大,部分未燃尽残骸有可能到达地面,但撞到人的概率不大,约为 1/4 200。

1997 年 6 月,热带降雨观测卫星于美国东部时间 15 日 23 时 55 分沿东南方向坠入南印度洋上空大气层,比预计时间提前约 3 h。其中,约 96% 的卫星各部件在大气层中燃烧殆尽,剩余分解为 12 块以上的残骸落到地球表面,但着陆具体位置无法确定。

美国航天专家指出,热带降雨测量任务卫星残骸的主要成分是钛,无毒,但残骸可能有锋利边缘,提醒发现者切勿用手触摸,应及时向当地政府报告。

5.1.2 中长期再入预测

对于轨道寿命预报,按照力模型解算,国际上采用的方法分为一般摄动法、特殊摄动法、半解析法、混合摄动方法和概率估计法,其各自特点如下:一般摄动法能够提供解析解,计算效率高,表达式截断误差导致精度较低;特殊摄动法对运动方程进行数值积分,精度高,但计算效率低;半解析法融合了一般摄动和特殊摄动的主要特性,适合轨道长期预报和轨道寿命估算,该方法采用分点根数,适用于特殊轨道(偏心率 $e = 0$, $i = 0°$、$90°$);混合摄动方法和概率估计方法能够提供精确的结果,但是其公式复杂且计算量大,不适合快速计算。半解析法在近几年的研究中得到了广泛使用。

在摄动力影响下,轨道根数随时间存在长期变化和周期变化。长期项随时间增长,会引起其误差的无界增长。周期变化包括短周期变化和长周期变化:短周期变化是指轨道根数在轨道周期量级或小于轨道周期时间内的重复变化;长周期变化是指轨道根数在大于一个轨道周期内的重复变化,一般比轨道周期大 1~2 个量级。相对来说,长周期变化主要表现为慢变量的变化,而短周期变化主要表现为快变量的变化。半解析法的基本思想是短周期项决定数值积分的时间步长,用平均方法消去短周期项,只剩余长期项和长周期项,并用较大步长进行数值积分[1]。

热层是指从 85 km 左右的中间层顶到海平面以上约 1 000 km 高度之间的高空大气区域,热层结构主要受太阳辐射和地磁活动的影响,其中太阳辐射决定了热层背景大气的基本结构和长期变化特征。热层大气的主要参数包括大气密度、成分、温度、风场等,其中大气密度与低轨航天器所受的大气阻力紧密相关,是影响再入预报的重要因素,因此大气阻力的预报,即热层大气密度和精确预报成为保障航天器平稳的关键要素。目前,主要依靠基于各种探测资料建立起来的大气密度经验模式进行预报,但是由于热层大气受多种因素共同影响,其变化十分复杂,此模式仍存在 15%~30%的误差。

对于目标监视和预报,自由再入过程的中长期演变发生在剩余寿命的几周甚至几年,因此要求算法高效准确。为了实现此目标,ESA 使用了一个名为 FOCUS - 2 的程序,这个程序依据的理论与 MASTER 模型中使用的 FOCUS 推衍模型相似。FOCUS - 2 程序对平根摄动公式进行积分,考虑的因素有地球引力的非球形摄动、大气阻力、日月引力摄动和太阳辐射压力,并讨论了圆柱状地球阴影特性。积分算法采用从自启动四阶龙格-库塔法衍生出来的四阶亚当斯预测-校正法,使用时间步长一般为 0.1~5 个轨道周期。用拉格朗日方程描述地球引力势引起的摄动,采用简化的 EGM-96 引力模型,阶数 $n \leqslant 23$,级数 $m \leqslant n$。

空间目标陨落计算运动过程中,大气阻力时涉及多个坐标系间转换,如本体(body,B)坐标系、飞行(flight path,V)坐标系、风速(wind,W)坐标系、地理(geographic,G)坐标系、地固(earth,E)坐标系、惯性(inertial,I)坐标系。表 5-1 给出了与目标陨落相关的坐标系简介,本章将介绍常见坐标系之间的转换关系(表中符号适用于本章节)。

表 5-1 坐标系简介

坐 标 系	方	向	角 度
惯性坐标系 I	xI 春分点	zI 地球自转轴	时角 Ξ
地固坐标系 E	xE 格林尼治	zE 地球自转轴	经度 θ、纬度 ϕ
地理坐标系 G	xG 北方向	zG 地球质心	经度 θ、纬度 ϕ
飞行坐标系 V	xV 速度方向	zV 水平面	航向角 χ、飞行角 γ
本体坐标系 B	xB 物体轴向	zB 向下	俯仰角 P、偏航角 Y、滚转角 R
风速坐标系 W	xW 风速方向	zW 对称轴	攻角 α、侧滑角 β

已知初始条件 $|v_B^E|$、χ、γ、θ、ϕ、h,其中 $|v_B^E|$ 为目标速度,χ 为航向角,γ 为飞行角,θ、ϕ、h 分别为经度、纬度和高度。

1. 位置转换

1)本体坐标系→地理坐标系

$$[T]^{BG} = \begin{bmatrix} \cos Y \cos P & \sin Y \cos P & -\sin P \\ \cos Y \sin P \sin R - \sin Y \cos R & \sin Y \sin P \sin R + \cos Y \cos R & \cos P \sin R \\ \cos Y \sin P \cos R + \sin Y \sin R & \sin Y \sin P \cos R - \cos Y \sin R & \cos P \cos R \end{bmatrix} \tag{5-1}$$

2)物体坐标系→风速坐标系

$$[T]^{WB} = \begin{bmatrix} \cos \alpha \cos \beta & \sin \beta & \sin \alpha \cos \beta \\ -\cos \alpha \sin \beta & \cos \beta & -\sin \alpha \sin \beta \\ -\sin \alpha & 0 & \cos \alpha \end{bmatrix} \tag{5-2}$$

式中,α 为速度投影在目标垂直对称平面与 xB 的夹角,$\alpha = \arctan\left(\dfrac{v_{B3}}{v_{B1}}\right)$;$\beta$ 为速度

方向和速度投影在目标垂直对称平面的夹角，$\beta = \arcsin\left(\dfrac{v_{B2}}{\sqrt{v_{B1}^2 + v_{B2}^2 + v_{B3}^2}}\right)$。

3）地理坐标系→地固坐标系

$$[R_{BI}]^G = [0, 0, -(R_\oplus + h)] \tag{5-3}$$

$$[R_{BI}]^E = [T]^{EG}[R_{BI}]^G = \begin{bmatrix} -\cos\theta\sin\phi & -\sin\theta & -\cos\theta\cos\phi \\ -\sin\theta\sin\phi & \cos\theta & -\sin\theta\cos\phi \\ \cos\phi & 0 & -\sin\phi \end{bmatrix} \begin{bmatrix} 0 \\ 0 \\ -r \end{bmatrix} \tag{5-4}$$

整理得

$$[R_{BI}]^E = r \begin{bmatrix} \cos\theta\cos\phi \\ \sin\theta\cos\phi \\ \sin\phi \end{bmatrix} \tag{5-5}$$

4）地固坐标系→惯性坐标系坐标

$$[R_{BI}]^I = [T]^{IE}[R_{BI}]^E = r \begin{bmatrix} \cos EAR & -\sin EAR & 0 \\ \sin EAR & \cos EAR & 0 \\ 0 & 0 & 1 \end{bmatrix} \begin{bmatrix} \cos\theta\sin\phi \\ \sin\theta\cos\phi \\ \sin\phi \end{bmatrix} \tag{5-6}$$

式中，整理得

$$[R_{BI}]^I = r \begin{bmatrix} \cos EAR\cos\theta\sin\phi - \sin EAR\sin\theta\cos\phi \\ \sin EAR\sin\theta\cos\phi + \cos EAR\sin\theta\cos\phi \\ \sin\phi \end{bmatrix} \tag{5-7}$$

瞬时真天球坐标系（true of date coordinate）转换到地心地固坐标系需要经过恒星时改正和极移改正，在某些时候，极移改正可以忽略。地心地固坐标系转换到地理坐标系时的经纬度和离地高度通过大地坐标求解得到，此时将地球作为椭球进行处理。

2. 速度转换

飞行坐标系→地理坐标系

$$[v_B^E]^G = [T]^{GV}[v]^V = \begin{bmatrix} \cos\chi\cos\gamma & -\sin\chi & \cos\chi\sin\gamma \\ \sin\chi\cos\gamma & \cos\chi & \sin\chi\sin\gamma \\ -\sin\gamma & 0 & \cos\gamma \end{bmatrix} \begin{bmatrix} v_B^E \\ 0 \\ 0 \end{bmatrix} \tag{5-8}$$

式中，$\chi = \arctan\left(\dfrac{v_{B2}^G}{v_{B1}^G}\right)$；$\gamma = \arctan\left(\dfrac{-v_{B3}^G}{\sqrt{v_{B1}^2 + v_{B2}^2}}\right)$。

整理得

$$\left[v_{\mathrm{B}}^{\mathrm{E}} \right]^{G} = v_{\mathrm{B}}^{\mathrm{E}} \begin{bmatrix} \cos\chi\cos\gamma \\ \sin\chi\cos\gamma \\ -\sin\gamma \end{bmatrix} \tag{5-9}$$

5.1.3 短期再入预测

解析和半解析轨道预测方法均采用如下假设:摄动环境在平均时间间隔内是恒定的,摄动量级小,摄动效果可分离,且没有交叉耦合的影响。当轨道高度低于 200 km 量级时,目标处于再入的最后一天或几天,这个假设失效,此时需要使用牛顿摄动方程的严格数值解,即计算摄动加速度和可能的轨道机动,对密切位置和速度向量进行积分。

再入轨道数值积分的摄动模型包括:EGM-96 地球引力场模型、阶数和级数简化为 7 的地球引力模型、日月引力模型、考虑阴影半阴影的太阳光压模型、MSISe-90/CIRA-72 混合大气模型。为计算大气密度及太阳和地磁活动 27 天预报,需使用特征量平均太阳活动率 $\overline{F}_{10.7}$、太阳活动率 $F_{10.7}$ 及地磁指数 Ap。积分坐标系为平赤道 J2000 坐标系,采用控制步长的八阶龙格-库塔法或香克斯方法,轨道机动采用冲量法(速度冲量改变)。

当再入轨道高度低于约 120 km 时,大气阻力成为摄动主导因素,高度每降低 30 km,量级增高一级。同时,阻力系数 c_D 也在变化。和平号的阻力系数 c_D 随气动特性改变而调整,从自由分子状态,经过渡阶段至连续状态。简化模式可以采用解析解,即自由分子状态是克努森数 Kn_∞ 的函数,连续状态是马赫数 Ma_∞ 的函数,过渡阶段使用 Kn_∞ 的函数。在和平号的最后降落阶段(大约从 215 km 高度开始),初始阻力系数为 2.21;在 110 km、30 km、26 km 和 20 km 的高度,阻力系数都为初始值的 90%,在亚声速的最终值为 $c_D = 1.18$。

在半解析轨道理论中,可将轨道根数分为快变量和慢变量。快变量在一个轨道周期内迅速变化,如平近点角 M、真近点角 f 和偏近点角 E,变化幅度为 360°。慢变量在一个轨道周期内变化不大,如半长轴 a、偏心率 e、轨道倾角 i、升交点赤经 Ω、近地点幅角 w,其变化由摄动引起,如果不考虑摄动因素(即二体问题),所有的慢变量均为常数。

空间目标摄动轨道可用一组位置和速度矢量表示,由这些矢量可根据二体运动导出该时刻的轨道根数,称为吻切根数(osculating element)。由瞬时的密切轨道根数对应的二体椭圆轨道称为密切椭圆,吻切根数描述真实的时变轨道,包括所有的长期和周期变化,表示高精度的运行轨道轨迹。

　　相反,平均轨道根数是某一时段内轨道根数的平均值,不包括短周期项,变化较为平缓。平均轨道根数用于表示空间目标的长期运行规律,对于很多长期任务,如空间碎片在轨寿命分析等十分有用。

　　在描述上述吻切轨道的长期和周期变化时,最常用的表示方法是傅里叶级数,其形式如下:

$$c = c_0 + \dot{c}_1(t - t_0) + K_1\cos(2w) + K_2\sin(2v + w) + K_3\cos(2v) \qquad (5-10)$$

式中,K_1、K_2、K_3 是常数。

　　从式(5-10)可以看出,由摄动造成的不同类型的影响有初值 c_0、长期变化 $\dot{c}_1$、长周期项 $2w$、短周期项 $2v$、混合周期项 $2v + w$。

　　图 5-1 给出了某一时段摄动影响下的轨道根数,包含长期和周期变化。

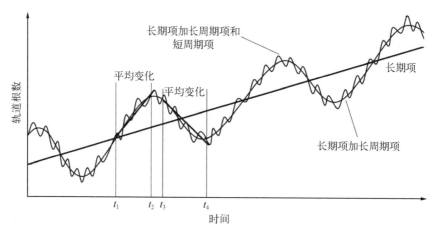

图 5-1　摄动因素影响下的轨道根数

　　由图 5-1 可知,在时段 $[t_1, t_2]$ 和 $[t_3, t_4]$,轨道根数的长期变化率基本保持不变,但是长周期变化率有很大不同,斜率为一正一负。当从轨道根数中用特定方法去除周期变化后,可近似得到其平均变化。去掉短周期项后的轨道根数称为单平均轨道根数,同时去掉短周期项和长周期项后的轨道根数称为双平均轨道根数。

　　根据空间目标轨道根数的变化规律,半解析法的基本思想阐述如下。首先,利用某种方法去掉短周期项,只剩下长期项和长周期项,得到平均轨道根数。由于平均轨道根数变化较平缓,可利用数值积分方法进行大步长积分,积分步长通常为 1天,得到积分历元时刻的平均轨道根数。然后,由积分历元时刻的平均轨道根数,利用解析算法重建与之相应的短周期项。接着,利用数值内插方法,分别计算出积分区间内任意时刻的平均轨道根数和短周期项。最后,将任意时刻的平均轨道根数和对应时刻的短周期项相加,得到吻切根数。

　　Draper 半解析卫星理论(Draper semianalytic satellite theory, DSST)模型利用参

数变易(variation of parameters,VOP)法将空间目标轨道运动方程转换为 6 个一阶微分方程(变量为瞬时吻切根数),利用傅里叶级数形式将空间目标轨道运动方程分解为慢变化和快变化两部分,进而得到平均轨道根数和短周期项:

$$\ddot{\boldsymbol{r}} = \boldsymbol{f}(\hat{\boldsymbol{r}},t)_{3\times3} \overset{\text{傅里叶级数}}{=} \boldsymbol{f}^{\text{long}}(a,h,k,p,q,\tau)$$
$$+\boldsymbol{f}^{\text{short}}(a,h,k,p,q,\lambda,t,\tau) \xrightarrow{\text{等价于}} \hat{\boldsymbol{r}} = \boldsymbol{r} + \boldsymbol{\eta} \qquad (5-11)$$

其中,

$$\ddot{\boldsymbol{r}}(a,h,k,p,q,t) = \boldsymbol{f}^{\text{long}}(a,h,k,p,q,\tau)$$
$$\boldsymbol{\eta}(a,h,k,p,q,t) = \int^{t}\int^{t} \boldsymbol{f}^{\text{short}}(a,h,k,p,q,\lambda,t,\tau)\mathrm{d}t\mathrm{d}t$$

式中,a、h、k、p、q、λ 为 6 个轨道根数,定义见后面;τ、t 分别为长、短时间尺度;上标 long、short 分别表示平均轨道根数变化部分和短周期项变化部分。

多尺度法利用傅里叶级数将轨道运动方程以 λ 为变量展开为两部分:随长时间尺度 τ 变化缓慢的平均部分 r 和随短时间尺度 t 变化快速的短周期部分 $\boldsymbol{\eta}$。

惯性坐标系下,空间目标轨道摄动方程表示为

$$\ddot{\boldsymbol{r}} = -\frac{\mu\boldsymbol{r}}{|\boldsymbol{r}|^{3}} + \boldsymbol{q} + \nabla R \qquad (5-12)$$

式中,$\boldsymbol{r}$ 和 $\ddot{\boldsymbol{r}}$ 分别为空间目标的位置矢量和加速度矢量;μ 为地心引力常数;$\boldsymbol{q} = \boldsymbol{q}(\boldsymbol{r},\dot{\boldsymbol{r}},t)$ 为由大气阻力等非保守力引起的加速度;$R = R(\boldsymbol{r},t)$ 为保守力(如日月引力)的摄动力位函数;∇ 为梯度运算符。

式(5-12)中,在将摄动方程转换为平均轨道根数和短周期项的表达形式时,宜采用轨道根数的形式。为避免 i 或 e 趋近于 0 而引起的数值转换奇异问题,采用其他参数来替代经典的开普勒轨道根数,这些参数通常是指分点根数(equinoctial element)(a、h、k、p、q、λ)。其中,a 为轨道半长轴;h、k 为偏心率矢量分量;p、q 为升交点赤经矢量分量;λ 为平经度,具体表示见图 5-2,其中 $\hat{f}$、$\hat{g}$、$\hat{w}$ 为分点根数坐标轴。

分点根数与开普勒轨道根数之间的转换关系如下:

$$a = a, \qquad\qquad h = e\sin(w + I\Omega)$$
$$k = e\cos(w + I\Omega), \quad p = \left[\tan(i/2)\right]^{I}\sin\Omega$$
$$q = \left[\tan(i/2)\right]^{I}\cos\Omega, \quad \lambda = M + w + I\Omega \qquad (5-13)$$

式中,I 为逆行因子(retrograde factor),当 $i<90°$ 时,$I = +1$,当 $i>90°$ 时,$I = -1$。

以 Starlette 卫星和 Lageos1 卫星为例,利用两卫星于 2015 年 1 月 1 日的二行参数,推算出开普勒轨道根数,转换为分点根数(协调世界时分别为 15:21:22.6 和 15:20:01.8),结果见表 5-2。

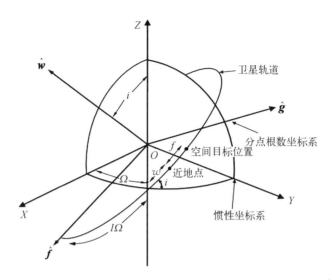

图 5-2　分点根数示意图

表 5-2　开普勒轨道根数与分点根数的转换样例

Starlette 卫星		Lageos1 卫星	
开普勒轨道根数	分点根数	开普勒轨道根数	分点根数
$a=7\,333\,897.181$ m	$a=7\,333\,897.181$ m	$a=12\,271\,187.588$ m	$a=12\,271\,187.588$ m
$e=0.020\,576\,70$	$h=-0.006\,8$	$e=0.004\,4$	$h=-0.004\,1$
$i=49.825\,2°$	$k=0.019\,4$	$i=109.810\,8°$	$k=0.001\,7$
$\Omega=60.893\,1°$	$p=0.405\,8$	$\Omega=185.913\,0°$	$p=-0.072\,4$
$w=279.955\,7°$	$q=0.225\,9$	$w=118.901\,9°$	$q=-0.698\,9$
$M=216.437\,2°$	$\lambda=557.285\,6°$	$M=227.245\,0°$	$\lambda=160.233\,9°$
	$I=+1$		$I=-1$

对于 6 个分点根数,假设 $a_1(t)=a(t)$、$a_2(t)=h(t)$、$a_3(t)=k(t)$、$a_4(t)=p(t)$、$a_5(t)=q(t)$、$a_6(t)=\lambda(t)$,通过参数变易,式(5-12)转换为 6 个一阶微分方程,称为参数变易方程,即

$$\frac{\partial \hat{\boldsymbol{a}}(t)}{\partial t}=n(\hat{a})\delta_{i6}+\frac{\partial \hat{a}_i(t)}{\partial \dot{\boldsymbol{r}}}\cdot \boldsymbol{q}-\sum_{j=1}^{6}(\hat{a}_i,\hat{a}_j)\frac{\partial R}{\partial \hat{a}_j},\quad i=1,2,3,4,5,6$$

$$(5-14)$$

式中,$\dot{\boldsymbol{r}}$ 为空间目标的速度矢量;$n(\hat{a})=[\mu/\hat{a}(t)^3]^{1/2}$ 为平均运动;δ_{i6} 为 Kronecker 符号,取值 $1(i=6)$ 或 $0(i\neq6)$;$(\hat{a}_i,\hat{a}_j)$ 为泊松括号;$\partial \hat{a}_i/\partial \dot{\boldsymbol{r}}$ 为分点根数对速度矢量的偏导数。

式(5-14)包含了三种摄动力对轨道根数变化率的影响:① 地球中心引力,

$\dot{\hat{\boldsymbol{a}}} = n(\hat{\boldsymbol{a}})\delta_{i6}$；② 非保守力，$\dot{\hat{\boldsymbol{a}}} = \dfrac{\partial \hat{a}_i(t)}{\partial \dot{\boldsymbol{r}}} \cdot \boldsymbol{q}$；③ 保守力，$\dot{\hat{\boldsymbol{a}}} = -\displaystyle\sum_{j=1}^{6} (\hat{a}_i, \hat{a}_j) \dfrac{\partial R}{\partial \hat{a}_j}$。

如式(5-14)描述，在进行多尺度变换时，需要设定目标轨道根数变化的时间尺度。事实上，轨道根数的变化包含多种时间尺度，如岁差和章动的周期、日月绕地周期等，每运行一周，它们都将引起空间目标轨道的变化，但由于时间尺度过长，仅考虑两种最为主要的时间尺度。

短时间尺度 t：指空间目标绕地运行 1 周的时间，称为 1 阶，用于描述短周期变化部分；

长时间尺度 τ：表示 $1/\varepsilon$ 阶对应的时间，主要用于描述摄动函数的平均变化部分。ε 的典型取值为 $J_2 \approx 0.001$，即空间目标每次绕地运行 $1/\varepsilon$ 圈，摄动方程的平均摄动解产生 1 阶变化，存在如下关系：$\tau = \varepsilon t$。

考虑到 $\tau = \varepsilon t$，式(5-14)可转换为

$$\frac{\partial \hat{\boldsymbol{a}}(t, \tau)}{\partial t} + \varepsilon \frac{\partial \hat{\boldsymbol{a}}(t, \tau)}{\partial \tau} = n(\hat{\boldsymbol{a}})\delta_{i6} + \varepsilon \boldsymbol{F}[\hat{\boldsymbol{a}}(t, \tau)] \qquad (5-15)$$

式中，$F_i(\hat{\boldsymbol{a}}) = \dfrac{\partial \hat{a}_i(t)}{\partial \dot{\boldsymbol{r}}} \cdot \boldsymbol{q} - \displaystyle\sum_{j=1}^{6} (\hat{a}_i, \hat{a}_j) \dfrac{\partial R}{\partial \hat{a}_j}, \quad i = 1, 2, \cdots, 6$。

在多尺度法中，吻切根数 $\hat{\boldsymbol{a}}$ 描述为小参数幂级数解的形式：$\hat{\boldsymbol{a}}(t, \tau) = \hat{\boldsymbol{a}}_0(t, \tau) + \varepsilon \hat{\boldsymbol{a}}_1(t, \tau) + \varepsilon^2 \hat{\boldsymbol{a}}_2(t, \tau) + \cdots$，进一步表达为平均轨道根数 $\boldsymbol{a}$ 和短周期项 $\boldsymbol{\eta}$ 和的形式，可写为

$$\hat{\boldsymbol{a}}(a, h, k, p, q, \lambda) = \boldsymbol{a}(a, h, k, p, q) + \boldsymbol{\eta}(a, h, k, p, q, \lambda) \qquad (5-16)$$

其中，

$$\frac{\partial \boldsymbol{a}}{\partial \tau} = \sum_{j=0}^{\infty} \varepsilon^j \boldsymbol{A}_j(a, h, k, p, q) = \boldsymbol{A}_0 + \varepsilon \boldsymbol{A}_1 + \varepsilon^2 \boldsymbol{A}_2 + o(\varepsilon^3) \qquad (5-17)$$

$$\boldsymbol{\eta} = \sum_{j=0}^{\infty} \varepsilon^j \boldsymbol{\eta}_j(a, h, k, p, q, \lambda) = \boldsymbol{\eta}_0 + \varepsilon \boldsymbol{\eta}_1 + \varepsilon^2 \boldsymbol{\eta}_2 + o(\varepsilon^3) \qquad (5-18)$$

式中，$\boldsymbol{A}_j$ 和 $\boldsymbol{\eta}_j$ 分别对应小参数 ε 不同幂级数的 j 阶解，均为矢量形式。

将式(5-18)代入式(5-17)的等号左边，得

$$\frac{\partial \hat{\boldsymbol{a}}}{\partial t} + \varepsilon \frac{\partial \hat{\boldsymbol{a}}}{\partial \tau} = \frac{\partial \boldsymbol{\eta}_0}{\partial t} + \sum_{j=1}^{N} \varepsilon^j \frac{\partial \boldsymbol{\eta}_j}{\partial t} + \varepsilon \left(\frac{\partial \boldsymbol{a}}{\partial \tau} + \sum_{j=0}^{N} \varepsilon^j \frac{\partial \boldsymbol{\eta}_j}{\partial \tau} \right) \qquad (5-19)$$

短周期项 $\boldsymbol{\eta}(a, h, k, p, q, \lambda)$ 对长时间尺度 τ 的偏导数存在如下关系：

$$\frac{\partial \boldsymbol{\eta}_j}{\partial \tau} = \sum_{k=1}^{6} \frac{\partial \boldsymbol{\eta}_j}{\partial a_k} \frac{\partial a_k}{\partial \tau} = \sum_{k=1}^{6} \frac{\partial \boldsymbol{\eta}_j}{\partial a_k} \sum_{l=0}^{\infty} \varepsilon^l A_{lk} \qquad (5-20)$$

式中，a_k 表示第 k 个轨道根数；A_{lk} 表示第 k 个平均轨道根数变率的 l 阶解 A_l。

根据式(5-19)，式(5-20)可转换为

$$\frac{\partial \mathring{\boldsymbol{a}}}{\partial t} + \varepsilon \frac{\partial \mathring{\boldsymbol{a}}}{\partial \tau} = \frac{\partial \boldsymbol{\eta}_0}{\partial t} + \sum_{j=1}^{N} \varepsilon^j \frac{\partial \boldsymbol{\eta}_j}{\partial t} + \varepsilon \left(\frac{\partial \boldsymbol{a}}{\partial \tau} + \sum_{j=0}^{\infty} \sum_{k=1}^{6} \sum_{l=0}^{\infty} \varepsilon^{j+l} \frac{\partial \boldsymbol{\eta}_j}{\partial a_k} A_{lk} \right) \quad (5-21)$$

式(5-15)等号右边含有参数 $n(\mathring{a})$ 和 $\boldsymbol{F}[\mathring{\boldsymbol{a}}(t, \tau)]$，包含作用在空间目标轨道上各种摄动力的影响。利用泰勒级数将其展开为平均轨道根数 $\boldsymbol{a}$ 的函数形式：

$$n(\mathring{a}) = n(a) - \frac{3}{2} \frac{\eta_{11}}{a} n(a) \varepsilon + \left[-\frac{3}{2} \frac{\eta_{21}}{a} + \frac{15}{8} \left(\frac{\eta_{11}}{a} \right)^2 \right] n(a) \varepsilon^2 + o(\varepsilon^3)$$

$$(5-22)$$

$$\varepsilon \boldsymbol{F}(\mathring{\boldsymbol{a}}) = \varepsilon \boldsymbol{F}(\boldsymbol{a}) + \varepsilon^2 \left[\sum_{k=1}^{6} \frac{\partial \boldsymbol{F}(\boldsymbol{a})}{\partial a_k} \eta_{1k} \right] + o(\varepsilon^3) \qquad (5-23)$$

式中，η_{jk} 表示第 k 个轨道根数短周期项的 j 阶解 η_j。

将式(5-21)~式(5-23)全部代入轨道摄动方程(5-15)中，得到参数变易方程的最终形式：

$$\frac{\partial \boldsymbol{\eta}_0}{\partial t} + \varepsilon \frac{\partial \boldsymbol{a}}{\partial \tau} + \sum_{j=1}^{\infty} \varepsilon^j \frac{\partial \boldsymbol{\eta}_j}{\partial t}$$

$$= n(a) \delta_{i6} + \sum_{j=1}^{\infty} \varepsilon^j [\boldsymbol{F}_j^{\text{long}}(a, h, k, p, q) + \boldsymbol{F}_j^{\text{short}}(a, h, k, p, q, \lambda)] \qquad (5-24)$$

其中，

$$\begin{cases} \boldsymbol{F}_1^{\text{long}} + \boldsymbol{F}_1^{\text{short}} = \boldsymbol{F}(\boldsymbol{a}) - \dfrac{3n(a)}{2a} \eta_{11} - \displaystyle\sum_{k=1}^{6} \dfrac{\partial \boldsymbol{\eta}_0}{\partial a_k} A_{0k} \\[4mm] \boldsymbol{F}_2^{\text{long}} + \boldsymbol{F}_2^{\text{short}} = \displaystyle\sum_{k=1}^{6} \dfrac{\partial \boldsymbol{F}(\boldsymbol{a})}{\partial a_k} \eta_{1k} + \left[-\dfrac{3n(a)}{2a} \eta_{21} + \dfrac{15}{8} n(a) \left(\dfrac{\eta_{11}}{a} \right)^2 \right] \delta_{i6} - \displaystyle\sum_{k=1}^{6} \dfrac{\partial \boldsymbol{\eta}_1}{\partial a_k} A_{0k} \end{cases}$$

$$(5-25)$$

式中，$\boldsymbol{F}^{\text{long}}$ 和 $\boldsymbol{F}^{\text{short}}$ 分别表示平均轨道根数和短周期项。

将等式两边的各项按小参数 ε 的幂等形式排列，即

$$
\begin{cases}
o(1): \dfrac{\partial \boldsymbol{\eta}_0}{\partial t} = n(a)\delta_{i6} \\[3mm]
o(\varepsilon): \dfrac{\partial \boldsymbol{\eta}_1}{\partial t} + \boldsymbol{A}_0 = \boldsymbol{F}_1^{\text{long}} + \boldsymbol{F}_1^{\text{short}} \\[3mm]
o(\varepsilon^2): \dfrac{\partial \boldsymbol{\eta}_2}{\partial t} + \boldsymbol{A}_1 = \boldsymbol{F}_2^{\text{long}} + \boldsymbol{F}_2^{\text{short}} \\[3mm]
\vdots
\end{cases}
\tag{5-26}
$$

式(5-26)中,平均轨道根数的变化率满足:

$$
\frac{\partial \boldsymbol{a}}{\partial \tau} = \sum_{j=0}^{N} \varepsilon^j \boldsymbol{A}_j = \sum_{j=0}^{N} \varepsilon^j \boldsymbol{F}_j^{\text{long}}
\tag{5-27}
$$

进行数值积分可得到平均轨道根数 $\boldsymbol{a}$。

短周期项 $\boldsymbol{\eta}$ 满足:

$$
\frac{\partial \boldsymbol{\eta}_0}{\partial t} = n(a)\delta_{i6}
$$

$$
\frac{\partial \boldsymbol{\eta}_j}{\partial t} = \boldsymbol{F}_j^{\text{short}}, \quad j = 1, 2, 3\cdots
\tag{5-28}
$$

利用解析法,可以得到 $\boldsymbol{\eta}$ 的表达形式:

$$
\boldsymbol{\eta} = \frac{1}{n(a)} \int_{\lambda_0}^{\lambda} \boldsymbol{F}_j^{\text{short}} \mathrm{d}\lambda
\tag{5-29}
$$

需要说明的是,在对摄动方程 $\boldsymbol{F}(\boldsymbol{a})$ 展开为平均轨道根数和短周期项时,需采用效率更高的傅里叶级数的形式,即

$$
F(a, h, k, p, q, \lambda) = C_0 + \sum_{j=1}^{\infty} C_j \cos(j\lambda) + S_j \sin(j\lambda)
\tag{5-30}
$$

其中,

$$
\begin{cases}
C_0 = \dfrac{1}{2\pi} \displaystyle\int_{-\pi}^{\pi} F(a, h, k, p, q, \lambda) \mathrm{d}\lambda \\[3mm]
C_j = \dfrac{1}{2\pi} \displaystyle\int_{-\pi}^{\pi} F(a, h, k, p, q, \lambda) \cos(j\lambda) \mathrm{d}\lambda \\[3mm]
S_j = \dfrac{1}{2\pi} \displaystyle\int_{-\pi}^{\pi} F(a, h, k, p, q, \lambda) \sin(j\lambda) \mathrm{d}\lambda
\end{cases}
\tag{5-31}
$$

式中,系数 C_0 为常数项,不依赖于快变量 λ,用于表示摄动方程 $\boldsymbol{F}(\boldsymbol{a})$ 的平均变化部分;C_j、S_j 为快变量 λ 的函数,用于表示摄动方程 $\boldsymbol{F}(\boldsymbol{a})$ 的短周期项部分,即 $\sum\limits_{j=1}^{\infty} C_j\cos(j\lambda) + S_j\sin(j\lambda)$。

对于地球引力位和日月引力位,系数 C_j、S_j 可通过解析算法计算获得;对于大气阻力和太阳光压,系数 C_j、S_j 通过数值积分法获得。从系数 C_j、S_j 的表达形式看出,两者均属于高振荡函数,采用 Filon 数值积分法来计算 C_j 和 S_j。

轨道根数受非保守力大气阻力影响下的摄动方程为

$$F_{\text{drag},\,i} = \frac{\partial a_i}{\partial \dot{\boldsymbol{r}}} \cdot \boldsymbol{q} \tag{5-32}$$

其中,

$$\boldsymbol{q} = \frac{1}{2}c_D \frac{A}{m}\rho \mid \boldsymbol{v} - \dot{\boldsymbol{r}} \mid (\boldsymbol{v} - \dot{\boldsymbol{r}}) \tag{5-33}$$

式中,c_D 为大气阻力系数;A 为目标横截面积;m 为目标质量;ρ 为大气质量密度;$\boldsymbol{v}$、$\dot{\boldsymbol{r}}$ 分别表示目标运动速度和大气运动速度。

采用傅里叶级数,将式(5-33)以快变量 λ 进行展开,形式如下:

$$F_{\text{drag},\,i} = C_i^0 + \sum_{j=1}^{\infty} C_i^j\cos(j\lambda) + S_i^j\sin(j\lambda) \tag{5-34}$$

式中,$C_i^j = \dfrac{1}{\pi}\displaystyle\int_{-\pi}^{\pi} \left(\dfrac{\partial a_i}{\partial \dot{\boldsymbol{r}}} \cdot \boldsymbol{q}\right) \cos(j\lambda)\,\mathrm{d}\lambda$;$S_i^j = \dfrac{1}{\pi}\displaystyle\int_{-\pi}^{\pi} \left(\dfrac{\partial a_i}{\partial \dot{\boldsymbol{r}}} \cdot \boldsymbol{q}\right) \sin(j\lambda)\,\mathrm{d}\lambda$。

此时,大气阻力引起的平均轨道根数项 $A_{\text{drag},\,i}$ 和短周期项 $\eta_{\text{drag},\,i}$ 可表示为

$$A_{\text{drag},\,i} = C_i^0$$

$$\eta_{\text{drag},\,i} = \sum_{j=1}^{\infty} \left[\frac{C_i^j}{j}\sin(j\lambda) - \frac{S_i^j}{j}\cos(j\lambda)\right] \tag{5-35}$$

5.2 再入解体烧蚀模型研究

5.2.1 再入目标解体

在解体判别准则方面,可采用高度准则、温度准则、烧蚀准则、热应力准则等。

高度准则基于对历史上再入事件的统计分析,直接指定解体高度,即当航天器

降到一定高度 H_{ult} 时,航天器即发生解体。研究表明,镁和铝制结构在约 78 km 高度时失效,航天器再入时解体一般发生在 75~80 km 高度处。《IADC 空间碎片减缓指南》指出,卫星通常在 75 km 处解体,研究中飞行器解体的典型高度为 80 km±10 km;目标再入寿命分析工具 ORASAT 软件中采用的高度为 78 km。

温度准则根据物体温度进行解体判断,当温度升高到某一临界温度 T_{ult} 时即认为航天器会发生解体。临界温度与物体的材料特性(如熔点 T_m)密切相关,不同部件的临界温度不同。显然,临界温度的选择决定了使用这一准则进行解体判断的准确度,一般选择材料的熔点作为解体临界温度。

烧蚀准则考虑材料的烧蚀熔化,分析烧蚀残存质量,当被烧蚀的质量占总质量的百分比(烧蚀率)达到一定值时就会解体。定义烧蚀率 η 为碎片残余质量 m 与初始质量 m_0 之比,即 $\eta = m/m_0$。烧蚀准则认为,当烧蚀率 η 大于预先定义的解体烧蚀率 η_{breakup} 时,该物体发生解体。

热应力准则根据物体所受应力和气动热来判断是否解体。Tewari 提出通过监视物体所受的热应力参数来判断是否发生解体,热应力参数的定义为

$$G_i = A_i \dot{Q} \mid \boldsymbol{\omega} \times (\boldsymbol{\omega} \times \boldsymbol{\rho}_i) \mid$$

式中,G_i 实际上是物体局部所受热流 $\dot{Q}$ 与向心加速度大小 ω 的乘积;$\boldsymbol{\rho}_i$ 为极径;A_i 为第 i 个表面网格面元的面积。

5.2.2　再入烧蚀残存

对于烧蚀过程的计算,采用零维或一维烧蚀模型。零维烧蚀准则可简单表述为:若物体再入过程中的总吸热量能够使得物体完全熔化,那么认为物体完全烧蚀。设材料的熔点为 T_m(K),熔化热为 h_m(J/kg),比热比为 c_m,物体的初始温度为 T_0,物体的总吸热量为 Q_{total},则零维烧蚀准则满足:

$$Q_{\text{total}} \geqslant m[h_m + c_m(T_m - T_0)] \quad (\text{烧蚀})$$
$$Q_{\text{total}} < m[h_m + c_m(T_m - T_0)] \quad (\text{未烧蚀})$$

再入过程数值仿真中,每一个时间步结束前都要进行判断,以确定物体是否完全烧蚀。设求解时间步长为 Δt,则在 t_n 时刻,零维烧蚀准则可表示为

$$Q^{t_n} = Q^{t_{n-1}} + \Delta Q^{t_n} \geqslant m[h_m + c_m(T_m - T_0)] \quad (\text{烧蚀})$$
$$Q^{t_n} = Q^{t_{n-1}} + \Delta Q^{t_n} < m[h_m + c_m(T_m - T_0)] \quad (\text{未烧蚀})$$

其中,

$$\Delta Q^{t_n} = q_{\text{net}}^{t_n} A_{\text{surf}} \Delta t$$

式中，A_{surf} 为物体的外表面积；净传热热流 $q_{net}^{t_n}$ 由气动热模块计算给出。

一维烧蚀模型考虑物体内部沿径向的热传导，沿径向划分一定数量的层状单元，每一层的温度由一维热传导方程求解得到。与零维烧蚀准则相同，一维烧蚀准则同样采用"熔化假定"，即若物体某层单元的吸热量超过其熔化所需要的热量，则该层物质烧蚀完全并被高速气流带走，再入物的整体尺寸和质量随之减小。如果物体所有单元都完全熔化，那么认为整个物体完全烧蚀。

再入数值仿真中，每一个时间步结束前都要判断物体各层是否烧蚀。设求解时间步长为 Δt，则 t_n 时刻第 k 层单元的烧蚀准则可表示为

$$Q_k^{t_n} = Q_k^{t_{n-1}} + \Delta Q_k^{t_n} \geqslant m_k \left[h_m + c_m (T_m - T_0) \right] \quad （烧蚀）$$

$$Q_k^{t_n} = Q_k^{t_{n-1}} + \Delta Q_k^{t_n} < m_k \left[h_m + c_m (T_m - T_0) \right] \quad （未烧蚀）$$

其中，

$$\Delta Q_k^{t_n} = (q_{k,\,in}^{t_n} A_{k,\,in} - q_{k,\,out}^{t_n} A_{k,\,out}) \Delta t$$

式中，$q_{k,\,in}^{t_n}$ 为传入单元的热流密度；$A_{k,\,in}$ 为热流传入面的表面积；$q_{k,\,out}^{t_n}$ 为传出单元的热流密度；$A_{k,\,out}$ 为热流传出面的表面积。

5.3　地面人口分布模型

5.3.1　地理人口分布概述

世界上约有 200 个国家和地区。由于世界各国自然环境和经济发展水平存在差异，人口的地理分布是不平衡的。世界人口空间分布分为人口稠密地区、人口稀少地区和基本未被开发的无人口地区。据统计，地球上人口最稠密地区的约占陆地面积的 7%，居住着世界 70% 人口，而且世界 90% 以上的人口集中分布在 10% 的土地上。人口在各大洲之间的分布也相当悬殊：欧亚两洲约占地球陆地总面积的32.2%，但两洲人口却占世界人口总数的 75.2%，尤其是亚洲，世界人口的 60% 居住于此；非洲、北美洲和拉丁美洲约占世界陆地面积的一半，而人口尚不到世界总人口的 1/4；大洋洲更是地广人稀，南极洲迄今尚无固定的居民。欧洲和亚洲的平均人口密度最大，都在 90 人/km² 以上；非洲、拉丁美洲和北美洲的平均人口密度较小，在 20 人/km² 以下；大洋洲人口密度最小，平均为 2.5 人/km²。按纬度、高度分布，世界人口也存在明显差异：北半球的中纬度地带是世界人口集中分布区，世界上有近 80% 的人口分布在北纬 20°~60°，南半球人口只占世界人口的 11%；世界人口的垂直分布也不平衡，55% 以上的人口居住在海拔 200 m 以下、不足陆地面积

28%的低平地区。由于生产力向沿海地区集中的倾向不断发展,人口也随之向沿海地带集中。各大洲中距海岸 200 km 以内的临海地区的人口比例已显著超过了其面积所占的比例,并且沿海地区人口增长的趋势还会继续发展。

5.3.2　人口分布模型

人口密度数据一般采用哥伦比亚大学公布的世界第 4 版网格化人口(the Gridded Population of the World version 4, GPW‒v4)模型来估算。GPW‒v4 模型是基于 2005~2014 年的人口普查数据外推,以预测每个模拟年份的人口估算值。GPW‒v4 模型的分辨率为 30 rad/s,在赤道附近相当于 1 km。NASA 的社会经济数据与应用中心还提供了多个可用于评估地面风险度的分布数据,如全球经济数据分布(G‒Econ)、全球公路数据库(gROADS)等。实施中可搜集更多相关的全球数据库,并基于人口密度的地面风险度评估方法,将更多因素通过修正系数的方式引入地面危害等级评估方法中。

5.4　损害概率评估

5.4.1　再入风险评估

再入火箭末级对地面的危害程度与全球地面人口、城市、重大地面设施等的分布有关,目前主要采用人口密度分布估计地面伤亡程度。

评估地面风险度常用的指标是伤亡面积和地面风险度。等效伤亡面积 A_c 是单块碎片横截面与个人投影横截面的组合。总的伤亡截面由一次再入事件中的 n 块残余碎片之和确定:

$$A_c = \sum_{i=1}^{n} \left(\sqrt{A_h} + \sqrt{A_i} \right)^2 \qquad (5\text{-}36)$$

式中, A_h 为人体地面投影横截面积,在 NASA 安全标准中使用的人体地面投影横截面积 A_h 为 0. 36 m², 这是根据人类体型统计信息得到的平均值; A_i 为落地的单块碎片的最大横截面积。

再入风险度的定义为

$$E = \sum_{i=1}^{n} \rho_i A_i \qquad (5\text{-}37)$$

式中, ρ_i 为第 i 块碎片落点处的人口密度。再入风险度 E 实际上就是在再入事件中地面上可能被碎片撞击到的人数。

5.4.2　再入风险管理

风险管理的方法很多,主要目的是减小碰撞损伤的影响。在任务前期规划中,航天器设计中需考虑降低风险截面,减小潜在的具有破坏动能的再入残存物体的总伤亡横截面,如使用熔点低的材料等。但由于结构或热设计等方面的功能需求,此类缓解方法受到了限制。

最常用、最实际的降低再入风险的方法如下:对于所有陆地陨落物体,减小陨落区的人口密度。在空间任务规划与实施过程中,这个组成项可以采用不同方法降低。在任务的概念设计阶段,轨道倾角(如果它是一个可变选项)的优化选择可以显著影响总体风险结果。假设离散的纬度网格幅宽为 $\Delta\phi$,则陨落概率密度为 $\Delta P_L(\phi)/\Delta\phi$,人员伤亡概率密度为 $\Delta P_c(\phi)/(\Delta\phi A_c)$。在 $25° \leqslant \phi \leqslant 35°$,人口密度 $\rho_p(\phi)$ 达到顶峰,同时中等轨道倾角在该纬度带的驻留时间长,28.5° 和 51.6° 轨道倾角的人员伤亡概率最高(大约高于最低值 70%)。这些轨道主要是由肯尼迪航天中心和拜科努尔航天中心发射,特别是倾角约 51.6° 的轨道由国际空间站及其任务飞船使用。这些轨道的地面轨迹上,大陆人口密度平均值可高达 $60.1/\mathrm{km}^2$,它与 $P_L = 27.2\%$ 的低陆地碰撞概率(参照最高值——极地轨道的 33.4%)相互抵消。

当一个 LEO 卫星接近其任务末期时,就应该开始监视控制最终再入并且控制再入的相关风险等级。需要对目标轨道进行预报并最终使目标陨落到一个平均人口密度低、人员伤亡概率低的升交点经度。

参考文献

[1]　Danielson D A, Sagovac C P, Neta B, et al. Semianalytic satellite theory. Monterey: Naval Postgraduate School.

第6章
结　束　语

随着人类大规模空间利用与开发活动的增加和深入,进入空间的航天器数量越来越多,这给空间碎片环境带来了巨大的压力,而空间环境的日益恶化也会制约人类未来空间活动的发展。

建议未来可在以下方向进一步开展研究,推动空间碎片减缓技术的发展与应用。

(1)形成空间碎片治理的有效机制,推动空间碎片治理国际合作。外层空间是人类的共同资源,空间碎片治理关乎全人类利益。为了更好地应对空间碎片这一全球性挑战,各国需要协调和管理自身利益诉求,共同维护全球公共利益。充分重视联合国和平利用外层空间委员会的作用,在 IADC、ISO 等相关国际规则和框架下,积极寻求开展国际合作,加强信息和技术共享,推广空间碎片研究成果,推动国际合作,为更好地保护空间环境、实现空间开发和利用的可持续性发展贡献中国力量。

(2)空间碎片治理应从国家层面出发,加强顶层规划,统筹长远发展。空间碎片环境治理技术正处于一个加速发展的历史机遇期,美国、日本、ESA 等国家或组织已制定了明确的技术演示验证计划,我国也需要开展空间碎片减缓与移除领域规划论证,建议从顶层制定空间碎片减缓近、中、远期技术发展路线,有计划、有步骤地实施空间碎片主动移除在轨演示验证计划,不断提升技术成熟度,并逐步推动工程化应用和实施。

(3)关注空间碎片移除技术发展,开展先进技术研究和新概念探索。空间碎片主动移除领域目前尚处于关键技术研究和探索解决途径的阶段,在具体的技术方式上有很多不同的选择,不同的移除方式也有其适用对象和适用范围。近些年,国际上已开展了太阳帆离轨、电动力绳系离轨、飞矛清除等在轨飞行试验。建议探索新型空间碎片移除概念,牵引先进技术研究,多种移除方式优势互补、互为补充,有效拓展空间碎片主动移除能力,促进空间碎片减缓技术的发展。

(4)寻求技术途径的多样化,推动空间碎片治理产业化发展。目前,空间碎片环境态势日益严峻,空间碎片移除将面临潜在的巨大的商业市场需求。建立适用于我国的空间碎片治理体系,加强政府引导,鼓励并指导民营企业和社会资本参与空间碎片治理,共同推动空间碎片治理产业化发展。探求多样化的空间碎片环境治理技术手段,促进空间碎片移除商业化运营。

空间已成为人类生存和发展的新疆域,应积极推动空间碎片减缓技术的研究和应用,缓解空间碎片的危害,维护并改善良好的空间轨道环境,促进空间的可持续发展和利用。